Springer-Verlag Berlin Heidelberg GmbH

Klaus Söhngen

Das Qualitätssicherungs-Handbuch im Labor

Ein Leitfaden zur Erstellung

Mit 13 Abbildungen und 6 Tabellen

Springer

Klaus Söhngen
erectec GmbH
Institut für chemische Analytik
und Umwelttechnik
Veste 1
51647 Gummersbach

ISBN 978-3-642-63362-1

Die Deutsche Bibliothek – CIP-Einheitsaufnahme

Söhngen, Klaus:
Das Qualitätssicherungs-Handbuch im Labor : ein Leitfaden zur Erstellung ; mit 6 Tabellen / Klaus
Söhngen. – Berlin ; Heidelberg ; New York ; London ; Paris ; Tokyo ; Hong Kong ; Barcelona ; Budapest :
Springer, 1995
ISBN 978-3-642-63362-1   ISBN 978-3-642-57806-9 (eBook)
DOI 10.1007/978-3-642-57806-9

Satz: Reproduktionsfertige Vorlage vom Autor
Gedruckt auf säurefreiem Papier
SPIN: 10488187   30/3136-543210

Vorwort

Die Ausführungen im vorliegenden Buch sollen beispielhaft die wesentlichen Elemente eines Qualitätssicherungs-Systems aufzeigen und erläutern. Die beigefügten Beispiele stellen mögliche Dokumentations- und Präsentationsformen von Qualitätssicherungs-Systemen in Qualitätssicherungs-Handbüchern vor.

Ein Qualitätssicherungs-Handbuch ist eine individuell auf ein Unternehmen zugeschnittene Dokumentation und kann daher nicht kritiklos und ohne Modifikation auf ein anderes Unternehmen übertragen werden. Es gibt allerdings Elemente, die bei allen Betroffenen sehr ähnlich, ja sogar kongruent sind. Daher ist das vorliegende Manuskript gut geeignet, als Leitfaden und Muster, zur Einführung eines Qualitätssicherungs-Systems und zur Erstellung eines betriebseigenen Qualitätssicherungs-Handbuches zu dienen.

Wer sich mit der Einführung eines Qualitätssicherungs-Systems, der Ausarbeitung und Erstellung eines Qualitätssicherungs-Handbuches beschäftigt, muß sich darüber im klaren sein und sich darauf einstellen, daß es sich um ein langfristiges Vorhaben handelt, daß viele Monate intensiver Erstellungsarbeit qualifizierter Mitarbeiter umfaßt.

Allerdings ist es nicht nur mit der theoretischen Erstellung eines Qualitätssicherungs-Handbuches, welches das installierte Qualitätssicherungs-System dokumentiert, getan. Nach der Einführung eines Qualitätssicherungs-Systems und der Erstellung eines Qualitätssicherungs-Handbuches bedeutet die Fortführung, Aktualisierung und Pflege des Qualitätssicherungs-Handbuches fortwährenden Personaleinsatz.

Letztlich bestimmt der Umfang der praktischen Laborarbeit mit all seinen Prüfungen, Bestimmungsparametern, deren matrixabhängigen Varianten und dem Stand der Technik bedingten Verfahrensänderungen den Umfang und die Intensität der aufzuwendenen Arbeitszeit, um ein normengerechtes Qualitätssicherungs-Handbuch zu erstellen bzw. fortzuführen.

Das vorliegende Buch kann daher maximal eine Einstiegshilfe für die Phase der Einführung eines Qualitätssicherungs-Systems sowie die Erstellung eines Qualitätssicherungs-Handbuches sein. Die Fortschreibung und Pflege obliegt jedem einzelnen. Für denjenigen allerdings, der die Mühen auf sich nimmt, ein Qualitätssicherungs-System zu installieren und ein Qualitätssicherungs-Handbuch zu erstellen und zu pflegen, für den ist Qualität kein Zufall mehr.

Gummersbach, im Februar 1995   Klaus Söhngen

Haftungsausschluß

Eine Haftung des Autors dieses Buches für Umfang und Inhalt eines zu installierenden Qualitätssicherungs-Systems bzw. eines zu erstellenden sach,- form- und normengerechten Qualitätsicherungs-Handbuches wird nicht übernommen.

Die aufgeführten Elemente sind beispielhaft. Alle Ausführungen sollen als Anregung dienen, dürfen aber keinesfalls als Maßstäbe für die erforderliche Genauigkeit und anzuwendende Sorgfalt gewertet werden.

Inhaltsverzeichnis

Teil B Das Qualitätssicherungs-Handbuch gemäß DIN EN 45001

Teil C Das Qualitätssicherungs-Handbuch gemäß DIN EN 45001

Teil A Das Qualitätssicherungs-System

1 Qualitätspräambel

1.1. Qualität darf kein Zufall sein !

1.2. Einen Fehler zu begehen ist nicht verwerflich.
Den Selben zu wiederholen allerdings schon !

1.3. Wer einen begangenen Fehler erkennt, diesen aber nicht
behebt, begeht einen weiteren, weitaus größeren Fehler !

2 Einführung

Die **Analytische Qualitätssicherung** gewinnt als wichtiger Wettbewerbsfaktor zunehmend an Bedeutung. **Sie**

- **steigert die Wettbewerbsfähigkeit,**
- **fördert die Absatzchancen,**
- **vermindert Haftungsrisiken,**
- **hilft Fehler zu verhüten,**
- **steigert den betrieblichen Wirkungsgrad,**
- **schafft die Basis zur wirkungsvollen Rationalisierung von Arbeitsabläufen.**

Kurz gesagt, Qualitätssicherungs-Maßnahmen führen zur konsequenten Erhaltung der optimalen Qualitätsstandards eines Unternehmens. Daher wird die Bedeutung der Qualität weiter zunehmen.

Neben der Anwendung qualitätsfördernder Maßnahmen ist heute aber auch der Nachweis der Einhaltung von Qualitätsstandards als Dokumentation des betrieblichen Qualitätsniveaus unerläßlich, zudem gerade auch im Bereich der chemischen Analytik Qualitätssicherung Systeme mehr und mehr von den Auftraggebern gefordert werden, bzw. diese mittlerweile fester Bestandteil von Zulassungen und Akkreditierungen sind.

In Anlehnung an die DIN 58 936 Teil 1 unter Berücksichtigung der DIN EN ISO 9 000 ff und der DIN EN 45 000 ff ist die Qualitätssicherung ein Sammelbegriff für alle Maßnahmen, die vorgenommen werden, um Aussagen über Qualität und Fehler von Prüfergebnissen zu ermöglichen. Dazu gehören auch alle Bemühungen bei der Probenentnahme und im analytischen Labor, um Prüfergebnisse zuverlässig zu gestalten.

Die europäische Norm DIN EN 45 001 „Allgemeine Kriterien zum Betreiben von Prüflaboratorien" fordert daher ein Qualitätssicherungs-System, daß **der Art, der Bedeutung und dem Umfang der durchzuführenden Arbeiten angemessen** ist. Die Elemente dieses Systems müssen in einem Qualitätssicherungs-Handbuch dokumentiert werden. Dieses beschreibt, wie die Qualitätspolitik des Unternehmens durchzusetzen ist.

Die Darlegungen in einem Qualitätssicherungs-Handbuch sollten vorrangig auf das Anliegen der Qualitätssicherung beschränkt sowie instruktiv für die Mitarbeiter des Unternehmens sein, und nach außen das Qualitätssicherungs-System überzeugend darstellen.

3 Grundgedanken zur Qualitätssicherung

3.1   Qualitätssicherung gemäß DIN 55 350 Teil 11

Das Wort „Qualität" geht auf das lateinische „qualitas" zurück, das aus „qualis" („wie beschaffen?") gebildet wurde. In der Gemeinsprache steht „Qualität" häufig, entgegen der Festlegung dieser Norm, für:

- Vortrefflichkeit,
- Sorte,
- Beschaffenheit,
- Anspruchsniveau,
- Qualitätsforderungen,
- irgendeine Wertigkeit.

In Übereinstimmung mit internationalen Begriffsbestimmungen wird in dieser Norm Qualität schlagwortartig wie folgt definiert:

Qualität ist die an der geforderten Beschaffenheit gemessene realisierte Beschaffenheit.

Dies bedeutet, daß Qualitätsbemühungen und -prüfungen bereits lange vor dem Beginn der Realisierung einer Beschaffenheit angesetzt werden müssen.

Man muß also wissen, ob der Entwurf einer Beschaffenheit die vorausgesetzten und festgelegten Erfordernisse erfüllt.

3.2   Begriffe der Qualitätssicherung

Begriff	Definition
Qualität	Beschaffenheit einer Gesamtheit an Merkmalen und Merkmalswerten eines materiellen oder immateriellen Gegenstands einer Betrachtung bezüglich ihrer Eignung, festgelegte und vorausgesetzte Erfordernisse zu erfüllen.
Qualitätsanforderungen	Die festgelegten und vorausgesetzten Erfordernisse.
Qualifikation	Nachgewiesene Erfüllung der Qualitätsanforderungen.
Qualitätselement	Beitrag zur Qualität eines materiellen oder immateriellen Produkts aufgrung des Ergebnisses einer Tätigkeit oder eines Prozesses in einer Planungs-, Realisierungs- oder Nutzungsphase bzw. einer Tätigkeit oder eines Prozesses aufgrund eines Elements im Ablauf dieser Tätigkeit oder Prozesses.
Qualitätsmerkmal	Die Qualität bestimmendes Merkmal (Prüfmerkmal).
Ausführungsqualität	Die Gesamtheit der Merkmale und Merkmalswerte eines materiellen oder immateriellen Gegenstands der Betrachtung als Ergebnisse von Tätigkeiten und Prozessen für ein oder mehrere Qualitätselemente bezüglich ihrer Eignung, die für die Ergebnisse vorgegebenen Forderungen zu erfüllen.
Qualitätspolitik	Die grundlegenden Absichten und Zielsetzungen einer Organisation zur Qualität, wie sie von ihrer Leitung formell erklärt wird.
Qualitätsmanagement	Derjenige Aspekt der Gesamtführungsaufgabe, welcher die Qualitätspolitik festlegt und zur Ausführung bringt.
Qualitätssicherung	Gesamtheit der Tätigkeiten des Qualitätsmanagements, der Qualitätsplanung, der Qualitätslenkung und der Qualitätsprüfung.
Qualitätsplanung	Auswählen, Klassifizieren und Gewichten der Qualitätsmerkmale sowie schrittweises Konkretisieren aller Einzelanforderungen an die Gesamtheit der Merkmale und Merkmalswerte eines materiellen oder immateriellen Gegenstands der Betrachtung zu Realisierungsspezifikationen, und zwar im Hinblick auf die durch den Zweck der Einheit gegebenen Erfordernisse, auf das Anspruchsniveau und unter Berücksichtigung der Realisierungsmöglichkeit.
Qualitätslenkung	Die vorbeugenden, überwachenden und korrigierenden Tätigkeiten bei der Realisierung des materiellen oder immateriellen Gegenstands der Betrachtung mit dem Ziel, die Qualitätsanforderungen zu erfüllen.

Tabelle 1. Begriffe der Qualitätssicherung

Begriff	Definition
Qualitätsprüfung	Feststellen, inwieweit ein materieller oder immaterieller Gegenstands der Betrachtung die Qualitätsanforderungen erfüllt.
Qualitätsüberwachung	Forlaufendes Prüfen und Bewerten des Standes der Qualitätssicherung und ihrer Ergebnisse sowie Auswerten von Aufzeichnungen bezüglich vorgegebener Feststellungen, und zwar zur Sicherstellung der Erfüllung von Qualitätsanforderungen.
Qualitätssicherungssystem	Die festgelegte Ablauf- und Aufbauorganisation zur Durchführung der Qualitätssicherung sowie die hierfür erforderlichen Mittel.
Qualitätsaudit	Beurteilung der Wirksamkeit des Qualitätssicherungssystems oder seiner Elemente durch eine unabhängige systematische Untersuchung.
Zuverlässigkeit	Teil der Qualität im Hinblick auf das Verhalten des materiellen und immateriellen Gegenstands der Betrachtung, während oder nach vorgegebenen Zeitspannen bei vorgegebenen Anwendungsbedingungen.

Tabelle 1 Fortsetzung. Begriffe der Qualitätssicherung

3.3 Entwicklungen der Qualitätssicherung

Am Anfang stand die reine Kontrolle, die die Qualität durch Ausleseeffekte realisierte, ohne den Erstellungsprozeß zu beeinflussen.

Getreu dem Motto „ *Eins wird schon richtig sein* " wurde eine nicht gerade kostenschonende Qualitätspolitik betrieben.

Diese, schon fast nicht mehr unter qualitätssichernden Aspekten zu sehende, Vorgehensweise in den Anfängen der Qualitätssicherung wurde abgelöst durch die praktizierte Qualitätssicherung, die heutzutage in der Form angewendet wird, daß **Qualität nicht erprüft sondern erarbeitet** wird.

Abgerundet bzw. eingebettet wird dieser Vorgang in ein zukunftsweisendes Qualitätsmanagement in dem die Qualität geplant, produziert, gesichert und überwacht wird. (s. Abb.1)

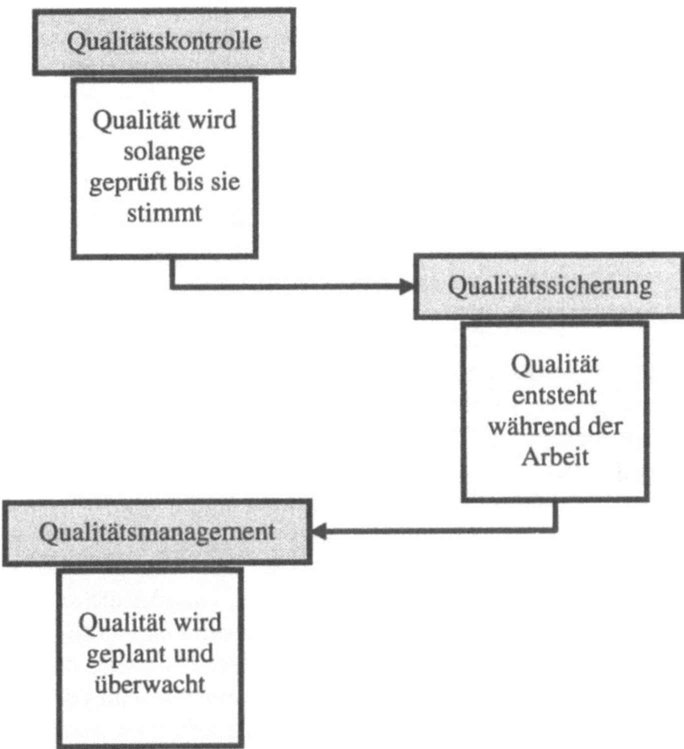

Abb.1. Grafische Darstellung der Entwicklung der Qualitätssicherung

Zukunftsorientierte Unternehmen gehen bei der Umsetzung Ihrer Qualitätsstrategie daher von folgenden Grundgedanken aus:

- In einem funktionierenden Qualitätsmanagement liegt beträchtliches, betriebswirtschaftliches Kostendämpfungspotential
- Qualität ist ein bedeutender Part der Unternehmensstruktur
- Die Geschäftsleitung übernimmt die Führungsverantwortung hinsichtlich des Qualitätsmanagements
- Führung, Schulung und Motivation der Mitarbeiter erfolgt zum eigenverantwortlichen Qualitätsengagement
- Analyse der Qualitätssituation, Planung von Qualitätszielen, Entwicklung einer Strategie zur Umsetzung dieser Ziele
- Klar definierte Kompetenz- und Verantwortungsbereiche
- Dokumentation der optimalen, individuellen Verfahren die zu Qualitätsverbesserungen führen
- Steigerung der Kundenzufriedenheit durch Erfassung von Kundenwünsche
- Erfassung und Beseitigung von Mängeln

4 Definition eines Qualitätssicherungs-Systems

Gemäß DIN EN 45 001 hat ein Prüflaboratorium ein Qualitätssicherungs-System zu betreiben, das der Art, der Bedeutung und dem Umfang der durchzuführenden Arbeiten angemessen ist. Die Elemente dieses Systems (Qualitätssicherungs-Maßnahmen) müssen in einem Qualitätssicherungs-Handbuch festgelegt sein, das den Mitarbeitern des Prüflaboratoriums zur Verfügung steht.

Das Qualitätssicherungs-Handbuch muß durch einen als verantwortlich benannten Mitarbeiter des Prüflaboratoriums auf den neuesten Stand gehalten werden. Von der Leitung des Prüflaboratoriums sind ein oder mehrere Mitarbeiter zu benennen, die für die Qualitätssicherung innerhalb eines Prüflaboratoriums verantwortlich sind und direkten Zugang zur Geschäftsleitung haben. Das Qualitätssicherungs-System ist systematisch und regelmäßig von oder im Namen der Geschäftsleitung zu überwachen, um die dauerhafte Wirksamkeit der Abläufe und die Einhaltung von notwendigen korrigierten Maßnahmen sicherzustellen.

Aufgrund dieser Definition sind interpretierend einige essentielle Anforderungen an ein Qualitätssicherungs-System zu stellen.

Bei der Umsetzung eines QS - Systems nach DIN EN 45 001 handelt es sich um eine praktische, auf ein Unternehmen individuell zugeschnittene Qualitätsstrategie, die auf die notwendigen Arbeitsabläufe (s. Abb. 2) in einem Unternehmen Einfluß nimmt.

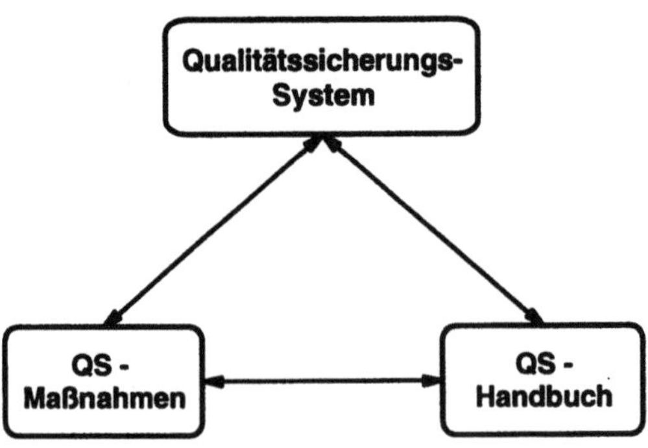

Abb. 2. Qualitätsdreieck

Ein Qualitätssicherungs-System besteht daher aus Qualitätssicherungs-Maßnahmen, die in Form eines Qualitätssicherungs-Handbuchs dokumentiert werden und als verbindliche Arbeitsgrundlage den Mitarbeitern eines Prüflabors zur Verfügung stehen und eingehalten werden müssen.

Zu Beginn der Erarbeitung eines Qualitätssicherungs-Systems ist daher größter Wert auf den Umfang desselben zu legen. Es ist weder gewünscht noch notwendig, übertriebene Maßnahmen einzuführen, die weder vom Personal noch vom Zeitaufwand vertretbar sind. Qualitätssicherungs-Maßnahmen umfassen daher praktische Elemente, die in den normalen Betriebsablauf intregiert werden sollen. Qualitätssicherung wird betrieben, um die Qualität des Unternehmens und die Arbeit eines jeden Mitarbeiters zu verbessern und zu sichern. Die Qualitätssicherung darf sich daher nicht verselbständigen und um ihrer selbst willen praktiziert werden.

5 Umfang der Qualitätssicherung

Wie schon zitiert ist die Qualitätssicherung ein Sammelbegriff für alle Maßnahmen, die vorgenommen werden, um Aussagen über Qualität und Fehler von Prüfergebnissen zu ermöglichen und um Prüfergebnisse zuverlässig zu gestalten. Daher umfaßt die Qualitätssicherung alle folgenden Schritte analytischer Untersuchungsabläufe, die dezidiert durch Qualitätssicherungs-Maßnahmen abgesichert werden müssen.

- **Probennahme,**
- **Probenkonservierung,**
- **Probentranport,**
- **Probenlagerung,**
- **Probenumlauf,**
- **Probenvorbereitung,**
- **Probenaufbereitung,**
- **Prüfverfahren,**
- **Prüfgeräte,**
- **Prüfungsablauf,**
- **Auswertung,**
- **Prüfbericht,**
- **Unterauftragsvergabe und**
- **Beschwerdeverfahren.**

6 Inhalt eines Qualitätssicherungs-Systems

In einem QS - System gemäß DIN EN 45 001 sind folgende qualitätsbeeinflussenden Elemente zu integrieren:

- **Rechtliche Identifizierbarkeit,**
- **Unparteilichkeit,**
- **Unabhängigkeit,**
- **Vertraulichkeit,**
- **Verwaltung und Organisation,**
- **Personal,**
- **Räumlichkeiten und Umgebung,**
- **Einrichtungsgegenstände und Prüfgerätschaften,**
- **Prüfverfahren und Arbeitsanweisungen,**
- **Prüfberichte,**
- **Aufzeichnungen und Dokumentationen,**
- **Probenhandling und -lagerung sowie**
- **Unterauftragsvergabe.**

Die Bedeutung und Inhalte dieser qualitätsbeeinflussenden Elemente sind sodann in einem Qualitätssicherungs-Handbuch schriftlich zu dokumentieren, in dem präzise die Elemente eines Qualitätssicherungs-Systems beschrieben werden. Nach erfolgter Dokumentation des Qualitätssicherungs-Systems ist das Qualitätssicherungs-Handbuch als verbindliche Anleitung und Grundlage für alle im Labor durchzuführenden Arbeiten zu installieren und deren Einhaltung zu überwachen.[1]

Bei der Behandlung der vorgenannten qualitätsbeeinflussenden Elemente sollte man sich auf die wesentlichen Dinge konzentrieren und diese unter der Berücksichtigung der Praktibilität einer späteren Umsetzung abfassen.

---

[1]Die Inhalte und Bedeutungen der qualitätsbeeinflussenden Elemente werden in **Teil B Das Qualitätssicherungs-Handbuch** dieses Buches näher beschrieben und erläutert.

7 Grundvoraussetzungen zur Installation eines Qualitätssicherungs-Systems

Um ein Qualitätssicherungs-System gemäß DIN 45 001 überhaupt in einem Laboratorium installieren zu können, bedarf es der folgenden elementaren Voraussetzungen:

- **die Bereitschaft aller Beteiligten, die Qualitätssicherungs-Maßnahmen zu akzeptieren und umzusetzen,**
- **Schaffung einer straffen organisatorischen Hierarchie** (notfalls durch Umorganisation des Betriebes),
- **Schaffung klar definierter Kompetenzbereiche für <u>alle</u> Mitarbeiter,**
- **Schaffung eines integrierten dualen Arbeitskonzeptes.**

Um ein Qualitätssicherung-System zu installieren, dieses sinnvoll umzusetzten um daraus praktischen Nutzen zu ziehen, bedarf es an erster Stelle der Motivation.

Zumeist wird der Wunsch nach Installation eines Qualitätssicherungs-Systems durch die Geschäftsleitung oder den Vorstand eines Unternehmens initiiert, womit die unternehmerische Grundentscheidung zur Qualitätssicherung gefallen wäre.

Um nun den unternehmerischen Wunsch sinnvoll umzusetzen, ist es essentiel, den Mitarbeitern klarzumachen, worin der Sinn und der Nutzen eines Qualitätssicherungs-Systems für den Betrieb, aber auch für den einzelnen Mitarbeiter liegen.

Damit Qualitätssicherungs-Maßnahmen greifen können, muß daher das gesamte Unternehmen eines Geistes in Sachen Qualitätssicherung sein. Das gesamte Unternehmen, also alle Beteiligten, müssen für Qualitätssicherungs-Maßnahmen sensibilisiert sein. Es muß auch dem letzten im Unternehmen klar sein, daß Qualität nicht die Aufgabe eines einzelnen, sondern nur in der Gesamtheit des Unternehmes realisierbar ist. Daher müssen alle Mitarbeiter der Qualitätspolitik des Unternehmens zustimmen und bereit sein, diese auch umzusetzen. (s. Abb. 2)

Die idealen Voraussetzungen wären also:

- **Die Geschäftsleitung möchte das Qualitätssicherungs-System,**
- **die Laborleitung ist bereit, dieses zu erarbeiten und zu installieren,**
- **alle Labormitarbeiter sind bereit, es zu akzeptieren und auch umzusetzen**

Abb. 3 Betriebliche Einheit im Bereich Qualitätssicherung

Es reicht also nicht aus, die Qualitätssicherung zur Chefsache zu erklären, sondern die Mitarbeiter müssen begreifen und verinnerlichen, daß Qualitätssicherung der Stärkung des Unternehmens dient, aber auch ihnen als Mitarbeiter eine
neue und entscheidende Rolle im Unternehmen zuweist.

Daher ist die Bereitschaft aller Beteiligten, Qualitätssicherungs-Maßnahmen zu
akzeptieren und umzusetzen die wichtigste Voraussetzung zur Funktion eines
Qualitätssicherungs-Systems.

Um die Qualitätssicherungs-Bemühungen nun zu realisieren, bedarf es der
Schaffung einer straffen organisatorischen Hierarchie, die notfalls durch Umorganisation des Betriebes herbeigeführt werden muß.

Es ist daher in der Regel sinnvoll, für den als verantwortlich benannten Mitarbeiter, der die Qualitätssicherungsabteilung leitet, eine Stabsstelle im Unternehmen einzuführen. Diese Stabsstelle sollte direkt der Geschäftsleitung untergeord-
net sein und mit Vollmachten zur Durchsetzung qualitätssichernder Maßnahmen
im Betrieb ausgestattet werden.

Desweiteren ist es für die Umsetzung der zu ergreifenden Qualitätssicherungs-
Maßnahmen unerläßlich, für alle Mitarbeiter klar definierte Kompetenzbereiche
zu schaffen. Dies beinhaltet nicht nur, daß jeder Mitarbeiter seinen Arbeitsbereich und sein Arbeitsumfeld kennt, sondern das dieses auch klar zu seinen Kollegen abgegrenzt ist. Es müßten somit sachlich klar abgegrenzte Verantwortungsbereiche geschaffen werden, für die einzelne Mitarbeiter verantwortlich
sind.

In der Praxis bedeutet diese Vorgehensweise allerdings nicht, daß die verantwortlichen Mitarbeiter unbedingt sämtliche anfallenden Arbeiten Ihres Verant-

wortungsbereiches auch ausführen müssen, sondern das sie für die in ihrem Arbeitsbereich anfallenden Arbeiten letztendlich verantwortlich sind und auch zur Verantwortung gezogen werden können.

Damit Qualitätssicherung letztendlich kein „Eigenleben" entwickelt, sollte ein integriertes duales Arbeitsablaufkonzept geschaffen werden.

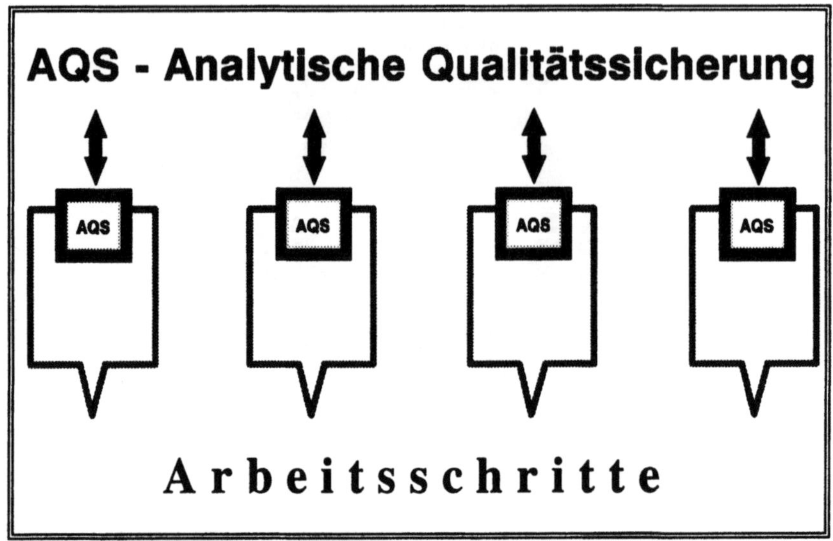

Abb. 4. Integriertes duales Qualitätssicherungs-System

Jeder Arbeitsschritt umfaßt dabei gewisse qualitätssichernde Maßnahmen, die arbeitsablaufbegleitend durchgeführt bzw. erfüllt werden müssen. Es besteht ständige Rückkopplung zwischen dem gesamten Qualitätssicherungs-System und jedem einzelnen Arbeitsschritt. Hierdurch kommt es zu korrespondierenden Maßnahmen, die arbeitsschritt-integriert ausgeführt werden. Nur so können Personalzeit und finanzielle Resourcen effizient eingesetzt werden, um mit minimalem Aufwand ein Maximum an Qualitätssicherung zu erzielen.

Die Praxis zeigt, daß es nicht sinnvoll ist, Arbeitsschritte ausführen zu lassen, um diese parallel von einer übergeordneten Qualitätssicherungsstelle überprüfen zu lassen.

Jeder Mitarbeiter trägt Verantwortung für die Qualität seiner Arbeit und erhält Response von der Qualitätssicherungsabteilung.

8 Sinnvolle Umsetzung von Qualitätssicherungs -Maßnahmen

Unter der Voraussetzung, daß ein Labor z.B. vorwiegend umweltanalytisch arbeitet, mehrere unterschiedliche Prüfverfahren einsetzt, diese wiederum aus differierenden Matrices und Proben aus verschiedenen Herkunftsbereichen stammen, ist der Aufbau eines Qualitätssicherungs-Systems auf der Basis der DIN EN 45 001 sinnvoll und ratsam.

Die DIN EN 45 001 bietet ein ideales Grundgerüst, um nahezu sämtliche qualitätssichernden Maßnahmen, seien diese betriebsgewollt, von Normen gefordert oder behördlich verordnet, relativ problemlos zu implementieren. In der Regel beinhaltet daher ein nach DIN EN 45 001 aufgebautes Qualitätssicherungs-System alle notwendigen Elemente, die für ein praktikables Qualitätssicherungs-System notwendig sind.

Die Installation eines Qualitätssicherungs-Systemes nach DIN 45 001 ist zwar zu Beginn zeit- und personalintensiv, hat aber den großen Vorteil, daß in Sachen Qualitätssicherung von Anfang an ein profundes System existiert. Ein solches Qualitätssicherungs-System wird nationalen und internationalen Anforderungen gerecht, ist jederzeit erweiterungsfähig und kann auf die individuellen Bedürfnisse eines jeden Unternehmens zugeschnitten werden.

Im Rahmen einer sinnvollen Umsetzung sollte daher immer auf Praktikabilität und Praxisnähe der Qualitätssicherungs-Maßnahmen für den eigenen Betrieb und für die Anwendungsbereiche, für die sie geschaffen werden sollen, geachtet werden.

Qualitätssicherungs-Maßnahmen dürfen nicht zum Selbstzweck werden. Sie sind unverzichtbare Bestandteile der einzelnen Arbeitsschritte und dienen der Qualitätssteigerung der Dienstleistungen sowie der Sicherheit der einzelnen Mitarbeiter. Qualitätssicherungs-Maßnahmen sollten daher ebenso zur Routine werden, wie die einzelnen Arbeitsschritte selber. **Die wichtigste Forderung die ein Qualitätssicherungs-System somit erfüllen muß, ist die, daß Qualitätssicherungs-Maßnahmen so betrieben werden, daß sie der Art, der Bedeutung und dem Umfang der durchzuführenden Arbeiten angemessen sind.**

Unter Berücksichtigung der vorangegangenen Aussagen profitiert der gesamte Betrieb von der Einführung eines Qualitätssicherungs-Systems.

Im Rahmen des Entscheidungsprozesses, ob ein Qualitätssicherungs-System installiert werden soll, sollte sich jeder auch über die „Vor- und Nachteile" von Qualitätssicherungs-Maßnahmen ein Bild machen und diese Argumente individuell auf den eigenen Betrieb bezogen betrachten und bewerten.

9 "Nachteile" von Qualitätssicherungs-Maßnahmen

Die Einführung von Qualitätssicherungs-Maßnahmen incl. der Dokumentation dieser in Form eines Qualitätssicherungs-Handbuches bergen nicht nur Vorteile, sondern auch „Nachteile".

Die folgenden wesentlichen betriebsökologischen und -ökonomischen Nachteile gilt es zu berücksichtigen:

- **erhöhte Personalkosten,**
- **erhöhte Betriebskosten,**
- **erhöhter Organisationsaufwand,**
- **erhöhter Verwaltungsaufwand,**
- **teilweise verminderte Flexibilität,**
- **teilweise leidet die Kollegialität unter den Mitarbeitern,**
- **teilweise entsteht eine verhängnisvolle „Ergebnisgläubigkeit".**

Kurz gesagt, Qualitätssicherungs-Maßnahmen kosten Geld, benötigen zusätzliches Personal und nehmen eine Menge Zeit in Anspruch.

9.1 Personalkosten

Die Einführung eines Qualitätssicherungs-Systems ist somit nicht kostenneutral zu realisieren. Qualitätssicherung ist ein „Fulltime-Job". Aus diesem Grund muß für den Aufbau, die Installation sowie für die Fortschreibung des Qualitätssicherungs-Systems zusätzliches (zumeist akademisches) Personal beschäftigt werden.

9.2 Betriebskosten

Neben den Personalkosten erhöhen sich auch die Betriebskosten durch qualitätssichernde Maßnahmen, da im Rahmen der Qualitässicherung sicherlich zusätzliche Kontrolluntersuchungen in Form der Mitbearbeitung von z.B. Standardreferenzmaterialien, Ermittlungen der Verfahrenskenndaten sowie anderen Überprüfungsmaßnahmen erfolgen werden.

Neben diesen Kosten werden auch die Ausgaben für Organisations- und Verwaltungsaufwand steigen.

9.3 Organisationsaufwand

Die Steigerung des Organisationsaufwandes ist im wesentlichen auf das Probenhandling zurückzuführen. Angefangen vom Probeneingang, der Probenannahme über die Probenverwaltung, dem organisierten Probendurchlauf durch die Laborabteilungen, bis hin zur Archivierung der Probenmaterialien und der Dokumentation der Prüfergebnisse steigt der organisatorische Aufwand.

9.4 Verwaltungsaufwand

Gleichsam mit dem Orgnisationsaufwand wächst auch der zusätzliche Verwaltungsaufwand; nicht zuletzt durch den erhöhten Dokumentationsbedarf im Rahmen des Qualitätssicherungs-Handbuches.

9.5 Flexibilität

Die minutiös festgelegten Verfahrensabläufe im Labor, dokumentiert in Form von Arbeits- und Betriebsanweisungen, führen allerdings auch zu einem gewissen Maß an Flexibilitätsverlust. War es früher ohne großen Aufwand möglich, zwischen verschiedenen Prüfverfahren zu variieren, ist man heute in erster Linie auf die dokumentierten Verfahren beschränkt.

Die Anwendung eines nicht dokumentierten Verfahrens würde unweigerlich zu einer Lücke im Qualitätssicherungs-System führen. Da diese Situation aber nicht akzeptiert werden kann, kommt es entweder zur Dokumentation des neuen Verfahrens oder zur Nichtanwendung.

Neben den sachlichen Nachteilen gibt es u.U. aber auch im persönlichen Bereich der Mitarbeiter negative Aspekte, die nicht relativiert werden dürfen.

9.6   Kollegialität unter den Mitarbeitern

Aufgrund der Tatsache, daß für Mitarbeiter spezifische Zuständigkeitsbereiche im Rahmen des Qualitätssicherungs-Systems geschaffen werden, leidet teilweise, insbesondere in der Anfangsphase, die Kollegialität unter den Mitarbeiter, da sich zum einen jeder ausschließlich auf seinen Zuständigkeitsbereich fixiert, und zum anderen möchte man nicht in die vermeintlichen Probleme des Kollegen involviert werden.

Motivation duch den Leiter der Qualitätssicherung sowie die Geschäftsleitung sind hier dringend erforderlich und müssen schnellstens zur Harmonisierung und Normalisierung der neuen Betriebssituation führen.

9.7   Ergebnisgläubigkeit

Die dezidiert dokumentierten Verfahren, die den Mitarbeitern in Form von Arbeits- und Betriebsanweisung zur Verfügung stehen, lassen im Laufe der Zeit aber auch eine gewisse Betriebsblindheit aufkommen, die sich von Zeit zu Zeit in verhängnisvoller Ergebnisgläubigkeit äußert.

Aufgrund der Anwendung dokumentierter Verfahren sind die Mitarbeiter oftmals nicht bereit, oder auch in der Lage, mögliche Fehler zu erkennen bzw. werden Fehler toleriert oder zur Erreichung von Qualitätszielen unterbewußt manipuliert.

Ein typisches Beispiel hierfür ist der häufige Einsatz eines immer gleichen Standardreferenzmaterials. Bei erkennbaren Abweichungen der realen Ergebisse von denen des zertifizierten Materials wird oftmals solange analysiert, bis der gewünschte, respektive vorgegebene Wert auch tatsächlich ermittelt wird. Erreicht wird dieses Ziel zumeist durch stetige Abwandlung eines dokumentierten Verfahrens in Nuancen. Daher sollten bei Auftreten solcher Probleme interne bzw. externe Qualitätsaudits durchgeführt werden.

Desweiteren vermittelt ein dokumentiertes Verfahren dem Mitarbeiter oftmals die trügerische Sicherheit, daß im qualitätsgesicherten Rahmen der Prüfung keine Fehler mehr auftreten können und er es daher versäumt, auf Kontrollmaßnahmen zurückzugreifen.

Auch das ist ein Zeichen für einen Abstumpfungsprozess in bezug auf qualitätssichernde Maßnahmen. Eine erneute Sensibilisierung dieses Mitarbeiters ist daher unerläßlich.

10 Praktischer Nutzen von Qualitätssicherungs -Maßnahmen

Neben den vermeintlichen Nachteilen sollte aber auch der praktische Nutzen von Qualitätssicherungs-Maßnahmen bei der Entscheidung über die Installations eines Qualitätssicherungs-Systems gewürdigt werden.

Die wesentlichen Nutzfaktoren sind:

- **übersichtlichere Betriebsabläufe,**
- **Verfahrensklarheit,**
- **verbesserte Nachvollziehbarkeit von Verfahrensabläufen,**
- **klar abgegrenzte Arbeitsbereiche und Zuständigkeiten,**
- **Selbstkontrolle der Mitarbeiter (Kontrollkarten),**
- **gesteigertes Vertrauen der Mitarbeiter in ihre eigenen Arbeiten,**
- **Motivationssteigerung unter den Mitarbeitern,**
- **verbesserte Ergebnisqualität,**
- **Rückgang von Reklamationen,**
- **gesteigerte gerätetechnische Betriebssicherheit,**
- **gesteigerte Arbeitssicherheit,**
- **betriebswirtschaftliche Vorteile durch frühzeitige Fehlererkennung,**
- **Imagepolishing für das gesamte Unternehmen.**

10.1 Übersichtlichere Betriebsabläufe

Aufgrund der qualtätssicherungsbedingten Umstrukturierung eines Betriebes unter Abgrenzung klar definierter Kompetenzen, Arbeitsbereiche und Zuständigkeiten einzelner Mitarbeiter kommt es zu übersichtlicheren Betriebsabläufen.

Im Falle von Reklamationen oder anderen, die Qualität negativ beeinflussenden Begebenheiten können aufgrund der Zuständigkeiten der Mitarbeiter diese zur Verantwortung gezogen werden.

Dieser auf mögliche Sanktionen aufgebaute Effekt führt in der Regel bei den verantwortlichen Mitarbeitern dazu, daß die von Ihnen betreuten Verfahren entsprechend den Arbeitsanweisungen ausgeführt werden, die Gerätschaften entsprechend den Wartungs- und Reparaturanweisungen gepflegt und die Arbeitsräume entsprechend den allgemeinen Betriebsanweisungen in Ordnung gehalten werden.

10.2 Verfahrensklarheit

Die Prüf- oder Arbeitsanweisungen spielen im Bereich der Qualitätssicherung eine sehr wichtige Rolle, da sie die Grundlagen für alle auszuführenden Prüfungen darstellen und von den Mitarbeitern verpflichtend zur Anwendung gebracht werden. Hieraus resultiert eine optimale Verfahrensklarheit, die nach Beendigung einer Prüfung keine Zweifel über die eingesetzten Prüfverfahren noch den damit in Verbindung stehenden Prüfbedingungen läßt.

Aus der Praxis weiß man, daß oftmals Prüfparameter mit unterschiedichen Prüfmethoden bestimmt werden können. Dies führt in Laboratorien, die kein straffes Qualitätssicherungs-System installiert haben oftmals dazu, daß im Falle späterer Nachfragen nicht mehr klar zu identifizieren ist, mit welchem Verfahren Prüfergebnisse ermittelt worden sind.

Die dokumentierten Verfahren führen auch dahingehend zur Verbesserung der Verfahrensklarheit da sich jeder Mitarbeiter minutiös über eben diese informieren kann und sie zur Anwendung bringt.

10.3 Verbesserte Nachvollziehbarkeit von Verfahrensabläufen

Im Gegensatz zur früheren betrieblichen Übung erhält der Mitarbeiter nun nach Einführung des Qualitätssicherungs-Systems klare Verfahrensvorgaben in Form dokumentierter Arbeitsanweisungen und nicht nur einsilbige Mitteilungen hinsichtlich der zu untersuchenden Prüfparameter, zu dessen Bestimmung er sich in der Vergangenheit selbst ein Prüfverfahren aussuchen mußte, oftmals noch in Unkenntnis der Kundenwünsche respektive der Probenbegleitumstände. Durch entsprechende Arbeitsanweisungen wird daher Verfahrensklarheit geschaffen, die sodann zu einer verbessertern Nachvollziehbarkeit der einzelen Verfahrensabläufe beiträgt.

Der Dokumentation der Verfahrensabläufe kommt somit ebenfalls eine besondere Bedeutung zu. Im Rahmen der Standardarbeitsverfahren sind selbstverständlich auch die Standardarbeitsabläufe dokumentiert, an die sich die Mitarbeiter zu halten haben. Sollte es bei der Durchführung von Prüfungen aufgrund diverser Probeneigenschaften erforderlich sein, einen Prüfverfahrensablauf geringfügig zu modifizieren, so ist dies im Rahmen der Prüfung zu dokumentieren. Somit ist in jedem Fall die Nachvollziehbarkeit der Verfahrensabläufe gewährleistet. Im Falle von Rückfragen oder Reklamtionen kann so jederzeit (auch Jahre später) genau nachvollzogen werden, wie ein Prüfwert zustande gekommen ist.

10.4 Selbstkontrolle der Mitarbeiter (Kontrollkarten)

Wichtige Effekte eines Qualitätssicherungs-Systemes liegen im Bereich der Selbstkontrolle der Mitarbeiter (Kontrollkarten). Aufgrund der Tatsache, daß im Rahmen eines jeden Prüfverfahrens, welches in einem Labor zur Anwendung gebracht wird, integriert Qualitätssicherungs-Maßnahmen durchgeführt werden, hat der Mitarbeiter ständig eine Kontrolle über die von ihm durchgeführten Arbeiten und kann seine Arbeitsergebnisse anhand diverser Kontrollmaßnahmen überprüfen.

Für Mitarbeiter, die es gelernt haben mit den Möglichkeiten aber auch mit der Verantwortung die sie tragen umzugehen, ist es eine sehr angenehme Einrichtung, auf Basis der Qualitätssicherungs-Maßnahmen und deren Instrumente Selbstkontrolle zu üben.

Kontrollkarten dienen daher in erster Linie dem Mitarbeiter selbst zur Dokumentation seiner Qualitätssicherungs-Maßnahmen, die er in einem Prüfverfahren durchführt und geben ihm die Möglichkeit, die Sicherheit seiner eigenen Arbeit im Bereich des Prüfverfahrens zu kontrollieren sowie mögliche gerätetechnische Fehler zu entdecken. Korrektur- und Fehlerbeseitigungsmaßnahmen können somit rasch und unmittelbar während der laufenden Arbeiten eingeleitet werden.

Erst in zweiter Linie dienen die Kontrollkarten dem Leiter der Qualitätssicherung bzw. der Larborleitung zur Qualitätseinschätzung der Arbeit der Mitarbeiter.

Aus diesen Gründen sollten Kontrollkarten als Instrument der Selbstkontrolle nicht beim Leiter der Qualitätssicherung geführt werden, sondern an jedem Arbeitsplatz. Daß die Kontrollkarten von Zeit zu Zeit vom Leiter der Qualitätssicherung in Augenschein genommen werden, ist selbstverständlich und wird von den Mitarbeitern in der Regel auch akzeptiert.

Dieser sehr sensible Vorgang der Kontrolle sollte zu vertrauensbildenden Maßnahmen zwischen Laborleitung, Leitung der Qualitätssicherung sowie jedem einzelnen Mitarbeiter führen. Insbesondere bei Einführung eines Qualitätssicherungs-Systems sollte den Mitarbeitern nachhaltig das Gefühl vermittet werden, daß das Anlegen und Führen von Kontrollkarten in erster Linie ein Instrument der Verfahrensüberwachung für den verantwortlichen Mitarbeiter selbst ist und wirklich erst in zweiter, völlig untergeordneter Linie, es sich um eine Kontrolle des Mitarbeiters durch die Führungsebene handeln kann.

Wenn in diesem Bereich Vertrauen geschaffen und gewonnen wird, und nur dann, kommt es zu einer fruchtbaren, konstruktiven und kooperativen Zusammenarbeit zwischen den Mitarbeitern, der Laborleitung und der Qualitätssicherungsabteilung, und die Qualitätssicherungs-Maßnahmen werden bereitwillig und strikt durch die Labormitarbeiter eingehalten und umgesetzt.

10.5 Motivations- und Vertrauenssteigerung unter Mitarbeitern

Bewirkt durch die Selbstkontrolle der Mitarbeiter steigt auch das Vertrauen jedes einzelnen in seine eigene Arbeit. Arbeitsunsicherheiten entfallen, da sich die Mitarbeiter auf dokumentierte Verfahren stützen können und erfahren haben, daß die mit diesen Verfahren einhergehenden Qualitätssicherungs-Maßnahmen greifen und Fehler erkenn- und kalkulierbar sind.

In „qualitätssicherungslosen" Labors ohne übersichtliche Betriebsabläufe, ohne Verfahrensklarheit, ohne abgegrenzte Arbeitsbereiche und Zuständigkeiten und ohne die Selbstkontrolle der Mitarbeiter kommt es im Rückfrage- oder Reklamationsfall sehr häufig zu Demotivationen der Mitarbeiter wie auch zum Vertrauensverlust in ihre eigene Arbeit, da die Mitarbeiter sich in der Praxis nicht sicher sind, ob die von ihnen ermittelten Prüfergebnisse tatsächlich die "Richtigen" oder "Wahren" sind.

Aufgrund des integrierten dualen Qualitätssicherungs-Systems aber steigt das Vertrauen der Mitarbeiter in ihre eigene Arbeitsleistung, da sie sich ständig selbst kontrollieren und übergreifend von der Laborleitung sowie der Qualitätssicherungsabteilung positive Resonanz auf ihre Arbeit erhalten.

Dies ist für die Mitarbeiter motivierend und führt zu einem angenehmen, ausgeglichenen Betriebsklima. Dieses wiederum spornt die Mitarbeiter an, ihre Arbeitsleistung sowie ihre Arbeitsqualität im Rahmen des Qualitätssicherungs-Systems weiter zu steigern bzw. zu optimieren.

10.6 Verbesserte Ergebnisqualität

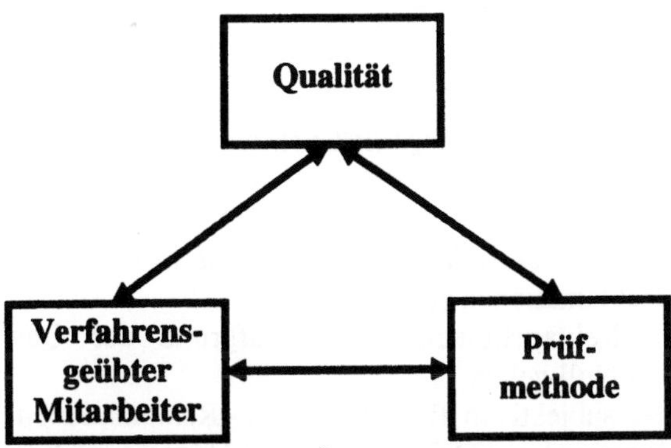

Abb. 5. Synergie Verfahrensklarheit und trainierter Mitarbeiter in bezug auf die Qualität.

Verfahrensklarheit, gesteigertes Vertrauen des Mitarbeiters in seine eigene Arbeit, die gestützt wird durch die Selbstkontrolle, führen letztlich auch zur wesentlichen Verbesserung der Ergebnisqualität.

10.7 Rückgang von Reklamationen

Die Quintessenz der Optimierung der Arbeitsabläufe und der Sicherheit der Mitarbeiter ist daher eine verbesserte Ergebnisqualität und ein merklicher Rückgang von Reklamationen.

Die Verbesserung der Ergebnisqualität korrespondiert direkt mit der frühzeitigen Fehlererkennung und dem Rückgang von Reklamationen.

Desweiteren kommt es durch die strikte Einhaltung von Arbeitsanweisungen und der Einschaltung der im Rahmen einer Prüfung zur Verfügung stehenden Kontrollmechanismen zu schnelleren und sicheren Ergebnissen, und die Quote berechtigter Reklamtionen sinkt.

Abb. 6 Reklamationsrückgang durch Qualitätssicherung

Im Bereich der Kundenreklamationen hat man es in der Praxis mit objektiven und subjektiven Reklamationen zu tun.

Die objektiven Reklamationen sollten aufgrund der Qualitätssicherungs-Maßnahmen gegen Null gehen.

Der Bereich der subjektiven Reklamationen - Reklamationen, die ein Kunde vorbringt, weil ihm ein übermittelter Meßwert u.U. nicht ins Konzept paßt - stellt in der Regel, aufgrund der durchgeführten Qualitätssicherungsmaßnahmen, kein Problem mehr da, da sehr rasch die Richtigkeit des präsentierten Prüfergebnisses bewiesen werden kann.

Gerade diese positiven Faktoren, bewirkt durch die konsequente Einhaltung von Qualitätssicherungs-Maßnahmen, führen zu nicht unerheblichen betriebswirtschaftlichen Vorteilen eines Unternehmens.

10.8 Betriebswirtschaftliche Vorteile durch frühzeitige Fehlererkennung

Die betriebswirtschaftlichen Vorteile durch die Verbesserung der Ergebnisqualität, dem Rückgang von Reklamationen, aber insbesondere durch eine frühzeitige Fehlererkennung lassen sich sehr leicht an der "10er Regel" für Fehlerbeseitigungen aufzeigen.

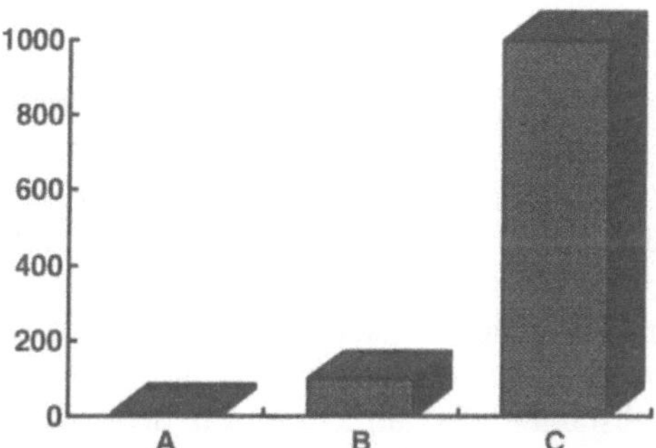

Abb. 7. "10er Regel" für Fehlerbeseitigungen.

Wird ein Fehler im Rahmen der Auftragsbearbeitung (**A**) erkannt, indem z.B. einem Parameter eine falsche Prüfanweisung zugeordnet wurde, und im Rahmen der Auftragsbearbeitung eliminiert, so kostet dieser Fehler DM 10,00.

Wird ein Fehler aufgrund der qualitätssichernden Maßnahmen im Rahmen der Plausibilitätskontrollen (**B**) entdeckt, so kostet dieser Fehler DM 100,00.

Wird der Fehler allerdings erst vom Kunden bemerkt, (**C**) so ist in der Regel die komplette Meßreihe abgeschlossen. Der Fehler potenziert sich abermals und verursacht Kosten in Höhe von DM 1.000,00, da die gesamte Meßreihe noch einmal bearbeitet werden muß; vom Imageverlust beim Kunden einmal abgesehen.

Neben diesen direkt spürbaren betriebswirtschaftlichen Vorteilen stellen sich weitere kostendämpfende Effekte durch Beachtung der Qualitätssicherungs-Maßnahmen ein.

10.9   Arbeits- und gerätetechnische Betriebssicherheit

Zum einen kommt es zu einer gesteigerten gerätetechnischen Betriebssicherheit und zum anderen zu gesteigerter Arbeitssicherheit.

Aufgrund der Wartungs- und Reparaturanweisungen werden Geräte regelmäßig gewartet, gepflegt und in einem optimalen Betriebszustand gehalten; Nicht zuletzt, da die Mitarbeiter aufgrund ihrer Zuständigkeiten nicht nur für die Richtigkeit der Prüfergebnisse verantwortlich sind, sondern auch für die Gerätschaften, die sie für die einzelenen Prüfungen einsetzen.

Übersichtliche Betriebsabläufe und gerätetechnische Betriebssicherheit steigern, fast als Nebeneffekt, die Arbeitssicherheit. Es kommt zu weniger Arbeitsunfällen und damit zu weniger Fehlzeiten im Betrieb.

10.10   „Imagepolishing" für das gesamte Unternehmen

Last-but-not-least führt ein funktionierendes Qualitätssicherungs-System zum „Imagepolishing" des gesamten Unternehmens.

Qualitätssicherungs-Maßnahmen schaffen im Bereich der Kundenbetreuung Transparenz und wecken Vertrauen. Somit wird die Qualitätssicherung zu einem wichtigen Wettbewerbsfaktor, der auf der einen Seite den betrieblichen Wirkungsgrad steigert und auf der anderen Seite die Absatzchancen eines Unternehmens fördert.

11 Fazit

Die Einführung von Qualitätssicherungs-Maßnahmen, ob behördlich verordnet, DIN gefordert oder freiwillig installiert, sowie deren konsequente Anwendung, wirkt sich allgemein positiv auf den gesamten Betrieb aus.

Es entsteht eine positive Betriebssicherheit und führt zu nachvollziehbaren Arbeitsergebnissen.

Die Einführung eines Qualitätssicherungs-Systems ist daher ein Gebot der Stunde; denn Qualitätssicherungs-Maßnahmen werden zunehmend über den Erfolg und die Zukunftssicherung eines Laboratoriums mit entscheiden.

12 Arbeitsphasen zum Aufbau eines Qualitätssicherungs-Systems

<table>
<tr><td>

Analysen-

Phase

</td><td>

Erfassung aller qualitätssicherungsrelevanten Faktoren auf Basis der DIN EN 45001

Auditierung bestehender Qualitätssicherungs-Vorgänge incl. Schwachstellenanalyse

Erarbeitung eines ersten Konzeptes für das Qualitätssicherungs-Handbuch

</td></tr>
<tr><td>

Realisierungs-

Phase

</td><td>

Bearbeitung und Ausmerzen der Schwachstellen

Dokumentation der qualitätssicherungsrelevanten Vorgänge in einem normengerechten Qualitätssicherungs-Handbuch

Beantragung der Akkreditierung
(falls gewünscht)

</td></tr>
<tr><td>

Qualitäts-

management

</td><td>

Erlangung der Akkreditierung

Stetige Optimierungsarbeiten

Fortwährende Aktualisierung des Qualitätssicherungs-Handbuchs

Überwachungs- und Wiederholungsaudits

</td></tr>
</table>

Abb. 8. Arbeitsphasen zum Aufbau eines Qualitätssicherungs-Systems.

12.1 Erarbeitung eines Qualitätssicherungs-Systems

Um ein Qualitätssicherungs-System sinnvoll erarbeiten zu können, steht am Anfang der Arbeit die Erfassung aller qualitätssicherungsrelevanten Faktoren, Betriebsvorgänge, -verfahren und -abläufe. Dieser Erfassungsarbeit kommt im weiteren Verlauf der Erarbeitung eines betriebsspezifischen, individuellen Qualitätssicherungs-Systems eine Schlüsselrolle zu. Wer hier nicht mit äußerster Akribie wirklich sämtliche Tätigkeiten, von der Probenahme, über die Prüfungen, bis hin zum aktenfertigen Ergebnis, inklusive dem Beschwerdeverfahren erfaßt, wird festellen, daß seine wohl gut gemeinten Qualitätssicherungsbemühungen nicht von Erfolg gekrönt sind, da unter Umständen elementare Tätigkeiten fehlen.

Daher sollte man eine komplete Betriebsprüfung durchführen, wobei jeder Mitarbeiter bis hin zur Putzfrau und jede Tätigkeit bis hin zum Aufräumen des Probenlagers, erfaßt wird.

Nach dieser umfassenden Überprüfung kann und sollte entschieden werden, welche Mitarbeiter und Tätigkeiten qualitätsrelevant sind und in das Qualitätssicherungs-System einbezogen werden sollen.

Im Rahmen dieser Erfassungstätigkeiten wird man feststellen, daß im Prinzip bereits in jedem (gut geführten) Laboratorium Qualitätssicherungs-Maßnahmen existieren und praktiziert werden. Nur sind diese bislang nicht vollständig dokumentiert und im Rahmen eines umfassenden Qualitätssicherungs-Systems integriert.

Daher fängt man bei der Erarbeitung eines Qualitätssicherung-Systems in einem bestehenden Laboratorium zumeist nicht bei Null an, sondern kann nach Ermittlung des Status Quo direkt in die systematische Gliederung der Qualitätssicherungs-Maßnahmen einsteigen.

Aus diesem Grund ist es sinnvoll, zunächst die bestehenden Qualitätssicherungs-Maßnahmen zu auditieren. D.h. sich den Ablauf der Qualitätssicherungs-Maßnahmen für einzelne angewandte Prüfparameter anzuschauen, diese logistisch aufzubauen und sie in entsprechender Form zu dokumentieren. Hierzu zählen Tätigkeiten wie z.B. Kalibrierungen, Berechnungen von Standardabweichungen oder die gelegentliche Mitprüfung von Standardreferenzmaterialien.

Im übrigen hat ein Audit die Aufgabe, zum Beispiel die folgenden Fragen zu klären:

-   Kennt jeder Mitarbeiter Umfang und Grenzen seines Arbeitsbereiches und seines Tätigkeitsfeldes ?
-   Haben die verantwortlichen Prüfer die nötige Sachkompetenz ?
-   Ist eine angemessene fachliche Führung des verantwortlichen Prüfers sichergestellt ?
-   Gibt es einen qualifizierten Laborleiter und einen Leiter der Qualitätssicherung, der die Gesamtverantwortung trägt ?
-   Gibt es einen schriftlich fixierten Organisationsplan ?
-   Haben die verantwortlichen Prüfer die Kompetenz, die ihnen übertragenen Prüfungen sach- und fachgerecht durchzuführen ?

- Sind die Räumlichkeiten geeignet und angemessen ausgestattet ?
- Werden alle Einrichtungen und Prüfmittel ordungsgemäß gewartet ?
- Werden über alle Prüf- und Meßeinrichtungen Aufzeichnungen geführt ?
- Sind nicht genormte Prüfverfahren schriftlich dokumentiert ?
- Werden die Qualitätssicherungs-Maßnahmen im Bereich der einzelnen Prüfungen regelmäßig in der Praxis angewendet und welche Maßnahmen sind das ?
- Sind diese Maßnahmen ausreichend ?
- Entsprechen die Prüfberichte den Anforderungen ?
- Wird ein ordnungsgemäßes Aufzeichnungssystem betrieben ?

Die vorgenannten Fragen sind ein kleiner Ausschnitt aus einem riesigen Fragenkatalog, zu dem auch Aspekte gehören, die nicht so leicht abzuklären sind, wie z.B.: Muß ein Prüflabor Aufträge ablehnen, Prüfungen nach Verfahren durchzuführen, bei denen die Ergebnisse nicht objektiv oder von geringer Aussagekraft sein werden ?

Die Erarbeitung sowie die spätere Einführung eines Qualitätssicherungs-Systems sollte daher nach logistischen Gesichtspunkten erfolgen und Schritt für Schritt realisiert werden. Vor der eigentlichen Erarbeitung eines Qualitätssicherungs-Systems sollten sämtliche qualitätssicherungsrelevanten Faktoren, Betriebsvorgänge, Verfahren und Abläufe erfaßt und klassifiziert werden. Dieser Arbeitsschritt bestimmt den späteren Umfang des Qualitätssicherungs-Systems sowie dessen Dokumentation in Form eines Qualitätssicherungs-Handbuchs.

Nachdem die erfaßten qualitätssicherungsrelevanten Faktoren auditiert sind, kann ein Grobkonzept erarbeitet werden. Das Grobkonzept eines Qualitätssicherungs-Handbuches umfaßt im wesentlichen zwanzig Punkte, die in der Regel mit den Überschriften des Inhaltsverzeichnisses eines Qualitätssicherungs-Handbuches übereinstimmen.[2]

Der Schritt vom Grobkonzept zur Erarbeitung eines Feinkonzeptes unter Berücksichtigung der erfaßten qualitätssicherungsrelevanten Faktoren besteht im wesentlichen darin, die einzelnen Maßnahmen zu den entsprechenden Kapiteln dediziert zu beschreiben.

Nach dem nun alle Aspekte zusammen getragen sind, hält man die Dokumentation seines detailierten betriebsspezifischen Qualitätssicherungs-Systems in Form eines Qualitätssicherungs-Handbuches in Händen.

Bevor die Übergabe der Qualitätssicherungsunterlagen an die entsprechenden Abteilungen erfolgt, sollten auf Grund intensiver Gespräche mit den betroffenen Abteilungsleitern noch einmal Optimierungsarbeiten in den einzelnen Bereichen durchgeführt werden um das erarbeitete Konzept abzurunden und eine möglichst reibunglose Einführung des Qualitätssicherungs-Systems und -Handbuchs zu ermöglichen.

---

[2]Die Inhalte eines Qualitätssicherungs-Handbuchs werden in **Teil B Das Qualitätssiche-rungs-Handbuch** näher beschrieben und erläutert.

Die Vorgehensweise zur Erarbeitung eines Qualitätssicherungs-Systemes stellt sich grafisch wie folgt dar:

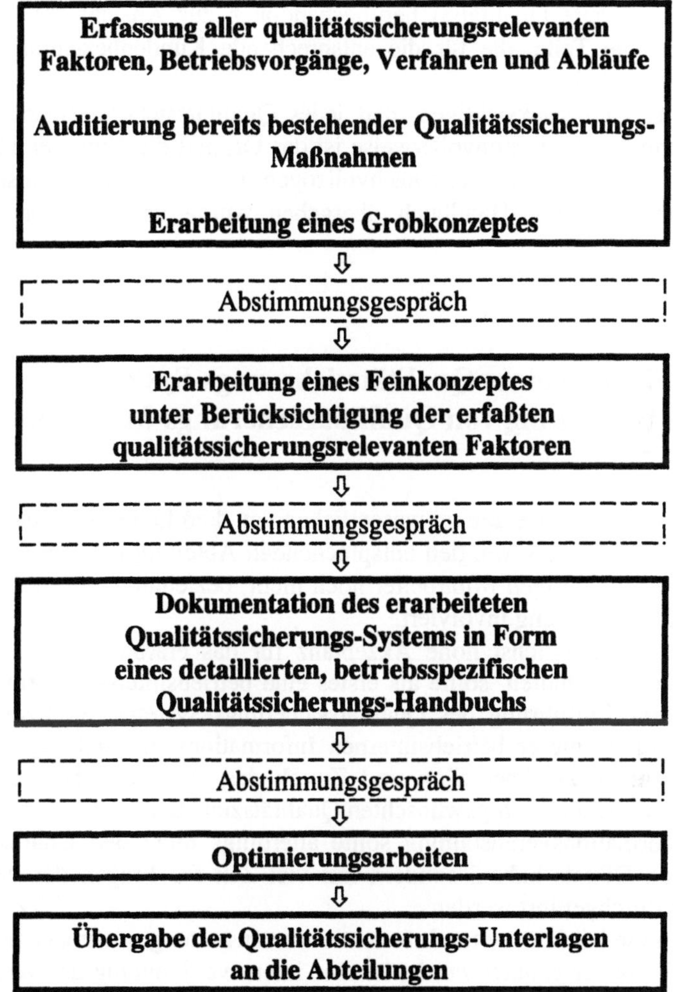

Abb. 9. Erarbeitung eines Qualitätssicherungs-Systems.

Das dokumentierte Qualitätssicherungs-System umfaßt sämtliche qualitätssicherungsrelevanten Aufgaben und Betriebsteile. Es wird in Form vorläufiger Qualitätssicherungs-Handbücher an die einzelnen Abteilungen übergeben mit der Bitte, die Maßnahmen für ihren Zuständigkeitsbereich zu prüfen und ggf. auf Praxistauglichkeit zu testen.

Um den einzelnen Mitarbeiter in seinem Arbeitsbereich nicht zu überfordern sowie auch aus Kostengründen, ist es nicht notwendig, daß an jedem Arbeitsplatz bzw. in jedem Arbeitsbereich ein komplettes Qualitätssicherungs-Handbuch zur

Verfügung steht. Vielmehr ist es sinnvoll, neben allgemeinen Teilen, wie z.B. Betriebsanweisungen, dem einzelnen Mitarbeiter nur die Teile im Auszug zur Verfügung zu stellen, die er für seine tägliche Arbeit benötigt.

Auch stellt man Kunden oder anderen betriebsfremden Personen in der Regel nicht das komplette Qualitätssicherungshandbuch zur Ansicht zur Verfügung, sondern nur die Teile, die für die entsprechende Kundenbeziehung oder den Anlaß adäquat sind.

Hierbei ist zu berücksichtigen, daß jedes Qualitätssicherungshandbuch eine eigene Nummer erhält (sinnvollerweise ist das Orginal die Nummer 1). Anhand der Numerierung kann jederzeit nachvollzogen werden, wem das entsprechende Teil-Qualitätssicherungs-Handbuch übergeben wurde und welchen Inhalt es umfaßt.

12.2 Einführung eines Qualitätssicherungs-Systems und Umsetzung von Qualitätssicherungs-Maßnahmen

In der Erarbeitungsphase, die im wesentlichen von dem Leiter der Qualitätssicherung, dem Laborleiter sowie den entsprechenden Abteilungsleitern durchgeführt wurde, waren die übrigen Mitarbeiter noch nicht, beziehungsweise relativ wenig in die Qualitätssicherung involviert.

Um nun eine möglichst hohe Akzeptanz für das erarbeitete Qualitätssicherungs-System zu erhalten, sollte als erstes eine betriebsinterne Informationsveranstaltung zur Einführung des Qualitätssicherungs-Systems durchgeführt werden. Im Rahmen dieser betriebsinternen Informationsveranstaltung sollten die Mitarbeiter nochmals über Sinn und Zweck des Qualitätssicherungs-Systems sowie die unternehmerisch gewünschten Qualitätsziele unterrichtet werden.

Diese Informationsveranstaltung sollte allerdings nicht den Charakter eines vortragenden Diktats haben, sondern mit viel Zeit für Fragen der betroffenen Mitarbeiter durchgeführt werden.

Nach dem die betriebsinterne Informationsveranstaltung nochmals zur Motivation der Mitarbeiter genutzt wurde, ist eine intensive Schulung des verantwortlichen Personals erforderlich.

Dies beinhaltet, das die Mitarbeiter in den von ihnen durchzuführenden Qualitätssicherungsmaßnahmen angeleitet, unterstützt, belehrt und angewiesen werden.

Aber auch hier macht es keinen Sinn, die noch so gut erdachten Maßnahmen den Mitarbeitern schriftlich, in trockener Form, zu servieren. Vielmehr müssen sie lernen, mit qualitätssichernden Maßnahmen umzugehen und diese als ihre eigenen Kontrollmechanismen zu nutzen. Ebenso müssen die Mitarbeiter auch die Erfolge der Qualitätssicherung für ihre persönliche Arbeit schätzen lernen und erkennen, daß die Qualitätssicherung für sie nicht nur zusätzliche Arbeit (Dokumentationsarbeiten) bedeutet, sondern ihnen Arbeit erspart (frühzeitige Fehlererkennung, keine doppelten Arbeiten).

Nachdem nun alle Mitarbeiter informiert und geschult sind, sollte das Qualitätssicherungs-System stufenweise eingeführt werden. Stufenweise bedeutet, daß nicht alle Abteilungen mit Ihren Tätigkeiten gleichzeitig und sofort mit den qualitätssicherden Maßnahmen, Dokumentationen etc. starten, sondern das Schritt für Schritt, Abteilung für Abteilung sowie Prüfverfahren für Prüfverfahren die qualitätssicherungsbegleitenden Maßnahmen eingeführt werden.

Sinnvoll ist diese Vorgehensweise deshalb, weil die Betriebskontinuität und -homogenität erhalten bleibt, und die Mitarbeiter, die unter Umständen für eine größere Anzahl verschiedener Prüfungen zuständig sind, nicht überfordert werden.

Nach einer gewissen Eingewöhnungs- und Anpassungsphase sollten von der Leitung der Qualitätssicherung die eizelnen Arbeitsbereiche vorauditiert werden, indem man mit den verantwortlichen Prüfern über deren Erfahrungen mit den Qualitätssicherungs-Maßnahmen spricht und die Maßnahmen selbst kritisch auf Effizienz prüft.

Diese beinhaltet auch, daß gewisse Arbeitsbereiche unter den strengen Regeln des erarbeiteten Qualitätssicherungs-Systems begutachtet werden, um die praktische Umsetzung durch die einzelnen Mitarbeiter zu beurteilen.

Eine solche Auditierung kann und sollte nur mit Beteiligung des betroffenen Prüfers durchgeführt werden.

Auf Grund der gewonnenen Erkenntnisse, der Erfahrung und ggf. der Verbesserungsvorschläge des Prüfers, sollten nun individuell Änderungen, Anpassungen und Überarbeitungen des Qualitätssicherungs-Systems und des Qualitätssicherungs-Handbuches durchgeführt werden, damit das Qalitätssicherungs-System möglich rasch und reibungslos in die Routine des Laboralltags übernommen werden kann.

Nach einer weiteren Erprobungszeit sollte abermals auditiert werden, um nun die Praktikabilität der Maßnahmen unter Alltagsbedingungen unter Beweis zu stellen.

Der endgültigen Einführung steht nun nichts mehr im Wege. Gleichzeitig mit der endgültigen Einführung läuft auch die „Schonfrist" für Anpassungsschwierigkeiten der einzelnen verantwortlichen Prüfer ab.

Nach der Einführung des Qualitätssicherungs-Systems beginnt ein weiterer, nicht minder wichtiger Abschnitt „im Leben" eines Qualitätssicherungs-Systems; wenn nicht sogar der wichtigste: Die fortwährende Aktualisierung und Pflege des Qualitätssicherungs-Systems und des Qualitätssicherungs-Handbuchs, begleitet von Überwachungs- und Wiederholungsaudits.

Die Erstellung eines Qualitätssicherungs-Handbuchs ist eine Sache, die Pflege und Aktualisierung eine andere. Nur durch das permanente Update des Handbuches wird ein Laboratorium in der Lage sein, die gesteckten Qualitätsziele auch in Zukunft zu erreichen.

Aus der Praxis ist sicherlich allen bekannt, daß Verfahren oftmals im Laufe der Anwendungszeit in Nuancen abgewandelt und Verfahrensschritte verfeinert werden bzw. gerätetechnische Änderungen in die Prüfung eingreifen. Diese Maßnahmen sollten zeitnah dokumentiert werden, damit sich Prüfungsbereiche nicht wie in der Vergangenheit verselbständigen und nicht mehr nachvollziehbar sind.

Die Einführung eines Qualitätssicherungs-Systems stellt sich grafisch somit wie folgt dar:

Abb. 10. Einführung und Umsetzung eines Qualitätssicherungs-Systems.

13 Bedeutung der Qualitätssicherung bei der Anwendung genormter Verfahren

Wie bereits in der Einführung zu diesem Manuskript dargestellt, ist neben der Anwendung qualitätsfördernder Maßnahmen aus eigenem betrieblichen Antrieb heraus, der Nachweis der Einhaltung von Qualitätsstandards als Dokumentation des betrieblichen Qualitätsniveaus unerläßlich.

Nicht nur, daß mehr denn je Auftraggeber den Nachweis von qualitätssichernden Maßnahmen im Rahmen von Ausschreibungen oder Angebotsanfragen fordern, sind Qualitätssicherungs-Maßnahmen mittlerweile fester Bestandteil von Zulassungen, Akkreditierungen sowie integrierter Bestandteil genormter Verfahren.

Bei genormten Verfahren handelt es sich um **Konventionen**.
Dies bedeutet für die analytische Praxis, daß für die Prüfung einzelner Stoffe oder Stoffgruppen Verfahren eingesetzt werden, die aufgrund der Norm nachvollziehbar, nachprüfbar und vor allem reproduzierbar sind.

Das normierte Verfahren führt somit auf gar keinen Fall grundsätzlich zu „wahren" Ergebnissen, sondern (nur) zu reproduzier-, nachprüf- und nachvollziehbaren Ergebnissen auf Grundlage der Norm. Somit kommt es teilweise (bewußt) zu „unwahren", aber auf Grundlage der Norm, immer zu „richtigen" Ergebnissen. Dieser Kompromiß hat zur Folge, daß auch die Qualitätssicherung für ein solches Verfahren eine Konvention ist und lediglich die Aufgabe hat - ob „wahr" oder „unwahr" - ein solches Verfahren zu qualifizieren.

Ein Beispiel hierfür ist die allseits bekannte Chrom-Bestimmung gemäß DIN 38 406 E10-2 bzw. der DIN 38 406 E22 nach einem Königswasseraufschluß gemäß DIN 38 414 S 7.

Bei einem Königswasseraufschluß nach DIN 38 414 S 7 werden, analytisch bewiesen, nicht alle Chrombestandteile in Lösung gebracht, und es kommt bei diesem Verfahren daher in der Regel zu Minderbefunden.

Qualitätssichernde Maßnahmen sind aufgrund des Konventionscharakters von genormten Verfahren Maßnahmen, die die Qualität aufgrund der Konvention sichern sollen.

Für einen Wissenschaftler ist dies sicherlich schwerlich zu verstehen, daß bewußt Fehler hingenommen werden und es nicht unter Nutzung anderer geeigneterer Verfahren zu „wahren" Werten kommen darf.

Da im Rahmen der Konventionen allerdings auch Grenzwerte für gesetzliche Auflagen anhand dieser Normen festgeschrieben wurden, müssen in diesen Bereichen eben die entsprechenden Verfahren eingesetzt werden.

14 Behördlich- und normgeforderte Qualitätssicherungs-Maßnahmen

Behördlich geforderte Qualitätssicherungs-Maßnahmen im Zulassungs- bzw. Akkreditierungsbereich sind im wesentlichen grundlegende Maßnahmen, die folgende Bereiche umfassen:

- **Personal,**
- **gerätetechnische Ausstattung,**
- **räumliche Ausstattung,**
- **Probenahme,**
- **Probenvorbereitung,**
- **Prüfverfahren,**
- **Plausibilitätskontrollen und**
- **Dokumentationen.**

Grundlage dieser geforderten Maßnahmen ist bzw. sollte in der Regel die DIN EN 45 001 sein.

DIN-geforderte sind im wesentlichen Bestandteil der behördlich geforderten Qualitätssicherungs-Maßnahmen und dienen der Anleitung zur Durch- und Ausführung von Qualitätssicherungs-Maßnahmen.

14.1 Behördlich geforderte Qualitätssicherungs-Maßnahmen

Bei den behördlich geforderten Qualitätssicherungs-Maßnahmen gibt es aufgrund der föderalen Systeme in der Bundesrepublick Deutschland leider von Bundesland zu Bundesland unterschiedliche Maßnahmen, die gefordert werden. Erschwerend kommt hinzu, daß die Differenzen nicht nur länderbezogen, sondern zusätzlich zulassungsabhängig sind.

Im übrigen existieren behördlich geforderte Qualitätssicherungs-Maßnahmen, wenn überhaupt, z.Zt. ausschließlich in den Bereichen, die durch länderunterschiedliche Zulassungen geregelt sind.

Beispiele für durch Zulassung geregelte Bereiche:

- **Trinkwasser,**
- **Immissionsschutz,**
- **Altöl,**
- **Abfall,**
- **Klärschlamm,**
- **Rohwasser,**
- **Abwasser** (Indirekteinleiter),
- **Grundwasser.**

Aber auch in den vorzitierten Zulassungsbereichen gibt es z.Zt. wenig konkretes. Die folgenden Zitatbeispiele für behördlich geforderte Qualitätssicherungs-Maßnahmen verdeutlichen diese Aussage.

14.1.1   TrinkWV - NRW

...Dazu gehören fortwährend durchzuführende Maßnahmen zur internen AQS, die alle Schritte der analytischen Untersuchungsverfahren d.h. Probenahme, Probentransport, -konservierung, -lagerung, - vorbereitung, Messung, Auswertung und Ergebnisberichterstattung umfassen. Sie werden gemessen an
- den Deutschen Normen (DIN 38 402),
- den Rahmenempfehlungen der LAWA und
- dem Merkblatt Nr. 5 AQS vom LWA - NRW.

Quelle: Min-Blatt NRW Nr.34 Juli 1991.

14.1.2   Rohwasser NRW

...Voraussetzung für reproduzierbare und richtige Untersuchungsergebnisse sind Maßnahmen zur AQS gemäß LWA Merkblatt Nr. 5

Quelle: Min-Blatt NRW Nr. 27 Mai 1991.

14.1.3   Abwasser / Indirekteinleiterverordnung NRW

...Die zugelassenen Untersuchungsstellen sind verpflichtet, Maßnahmen zur Überprüfung der internen AQS durchzuführen. Der Mindestumfang ist in Anlage 2 aufgeführt.

Quelle: Min-Blatt NRW Nr. 29 Mai 1992 / Min-Blatt NRW Nr. 47 Juli 1992.

14.1.4   Grundwasserüberwachung Baden Württemberg

...Die Erfüllung der Qualifikationsanforderung muß in der Praxis auf möglichst einfache Weise sichergestellt werden. Dazu sollen diese bei der Vergabe eines Untersuchungsauftrages durch den Meßstellenbetreiber zur Vertragsgrundlage erklärt und deren Einhaltung vom Untersuchungslabor bestätigt werden.

Quelle: Handbuch Hydrologie Baden-Württemberg 1989.

14.1.5   Abwasser EKVO Hessen

...[sind] die von der HLfU vorgeschriebenen Untersuchungen zur Sicherung der Analysenqualität (AQS-Maßnahmen) durchzuführen.

Quelle: Staatsanzeiger Hessen Nr. 17 März 1988.

...Ich [Dr. G. Papke, HLfU] empfehle Ihnen deshalb dringend:
- sich, falls noch nicht geschehen, mit der DIN EN 45 001 vertraut zu machen,
- ein Qualitätssystem gemäß o.g. Norm aufzustellen unter Einbeziehung (der jeweiligen Analysenwünsche) Ihrer potentiellen Auftraggeber (im Falle der Labors nach § 5 (1) 1 u. 2 EKVO sind unter "Auftraggeber" die Feststellung des Eigenmeßproprogrammes im wasserrechtlichen Bescheid zu verstehen)
- und dieses Qualitätssystem in einem Qualitätssicherungshandbuch zu dokumentieren (zum Mindestinhalt dieses Handbuches siehe die o.g. Norm).

Quelle: Rundschreiben der Hessischen Landesanstalt für Umwelt.

14.1.6   §§ 26, 28 BImSchG NRW

...regelmäßig interne Qualitätskontrollen mit Nullproben und Proben definierten, den Laboranten und Meßtechnikern aber unbekannten Gehalts an Luftverunreinigungen vorzunehmen.

Quelle: Min-Blatt NRW Nr. 3 Januar 1993.

Die z.Zt. wesentlichen, behördlich geforderten QS - Maßnahmen leiten sich daher aus den folgenden Richtlinien ab:

- **LWA - NRW Merkblatt Nr. 5**
  Analytische Qualitätssicherung für Wasseranalytik in NRW
  (im November 1992 ersetzt durch die wesentlich erweiterte Fassung Nr. 11)
- **LAWA**
  Rahmenempfehlung für AQS-Maßnahmen
  (Dez. 1988)

- **LAWA**
  AQS-Merkblätter für Wasser-, Abwasser und Schlammuntersuchung als ergänzbare Sammlung von Merkblättern
  (Nov.1990)
- **DIN EN 45 001**
  (Sept. 1989)

14.2   Wesentliche Inhalte der behördlich geforderten Qualitätssicherungs-Maßnahmen

14.2.1   LWA-Merkblatt Nr.: 11

- Räumliche-, personelle-, apparative Anforderungen
- Durchführung der AQS
- AQS - Maßnahmen
- Kontrollkarten
- Verfahrenskenndaten
- externe Qualitätssicherungs-Maßnahmen (Ringversuche)
- Probenahme
- AQS - Maßnahmen für einzelne Parameter

Bemerkungen:

Das Merkblatt ist praxisnah aufgebaut und enthält wesentliche Merkmale eines Qualitätssicherungs-Systems nach DIN EN 45 001.

Inhaltsbereiche	weniger	ausreichend	überwiegend
Administrative Hinweise		X	
Organisatorische Hinweise	X		
Theoretische Grundlagen		X	
Praktische Grundlagen			X

Tabelle 2 Klassifizierung des LWA-Merkblattes Nr.: 11

14.2.2 LAWA-Rahmenempfehlungen

- Umfeldinformationen,
- räumliche-, personelle-, apparative Anforderungen,
- Durchführung der AQS,
- AQS - Maßnahmen,
- Kontrollkarten,
- Plausibilitätskontrolle,
- externe Qualitätssicherungs-Maßnahmen (Ringversuche),
- organisatorische Belange,
- Auswertung / Dokumentation.

Bemerkungen:

Die LAWA-Rahmenempfehlung ist etwas abstrakt und weniger praxisnah für wirtschaftlich orientierte Laborbetriebe.

Inhaltsbereiche	weniger	ausreichend	überwiegend
Administrative Hinweise			X
Organisatorische Hinweise			X
Theoretische Grundlagen			X
Praktische Grundlagen	X		

Tabelle 3 Klassifizierung der LAWA-Rahmenempfehlungen

14.2.3 Ergänzbare LAWA-Merkblätter

- Rahmenempfehlungen,
- Zulassungsempfehlungen,
- Durchführung der AQS,
- AQS - Maßnahmen,
- Kontrollkarten,
- Plausibilitätskontrolle,
- externe Qualitätssicherungs-Maßnahmen (Ringversuche),
- Rahmenvertragsempfehlungen für Unterauftragsvergabe,
- AQS - Maßnahmen für einzelne Parameter.

Bemerkungen:

Die ergänzbare Sammlung von LAWA-Merkblättern ist wie die Rahmenempfehlung etwas abstrakt und eher für behördliche Institutionen aufgebaut.

Inhaltsbereiche	weniger	ausreichend	überwiegend
Administrative Hinweise			X
Organisatorische Hinweise			X
Theoretische Grundlagen			X
Praktische Grundlagen		X	

Tabelle 4 Klassifizierung der ergänzbaren LAWA-Merkblätter

14.2.4   DIN EN 45 001

- Definition diverser AQS - Begriffe,
- technische Kompetenzen / personelle-, apparative- und räumliche Anforderungen,
- Arbeitsanweisungen,
- Qualitätssicherungs-System / Qualitätssicherungs-Handbuch,
- Audits.

Bemerkungen:

Die DIN EN 45 001 bietet die z.Zt. praxisgerechteste Grundlage zur Einführung eines funktionierenden Qualitätssicherungs-Systems.
Sie enthält allerdings keine direkten, präzisen, praktischen Anleitungen zur Umsetzung von Qualitätssicherungs-Maßnahmen. Sie vermittelt nur Inhalte und Voraussetzungen sowie Dokumentationsrichtlinien, die einer Interpretation bedürfen.

Inhaltsbereiche	weniger	ausreichend	überwiegend
Administrative Hinweise			X
Organisatorische Hinweise			X
Theoretische Grundlagen			X
Praktische Grundlagen	X		

Tabelle 5 Klassifizierung der DIN EN 45001

Resümierend kann somit festgestellt werden, daß aufgrund der föderalen Struktur der gesetzlichen Grundlagen im Rahmen von Zulassungen bzw. anderen begünstigenden Verwaltungsakten sich die Forderungen von Qualitätssicherungs-

Maßnahmen sehr unterschiedlich gestalten; von z.T. gar nicht vorhanden, bis hin zu detaillierten Beschreibungen von Einzelmaßnahmen.

Falls in gesetzlichen Grundlagen z.Zt. überhaupt Qualitätssicherungs-Maßnahmen erwähnt werden, dann oftmals nur als Empfehlungen, wie auch die folgende Grafik zeigt.

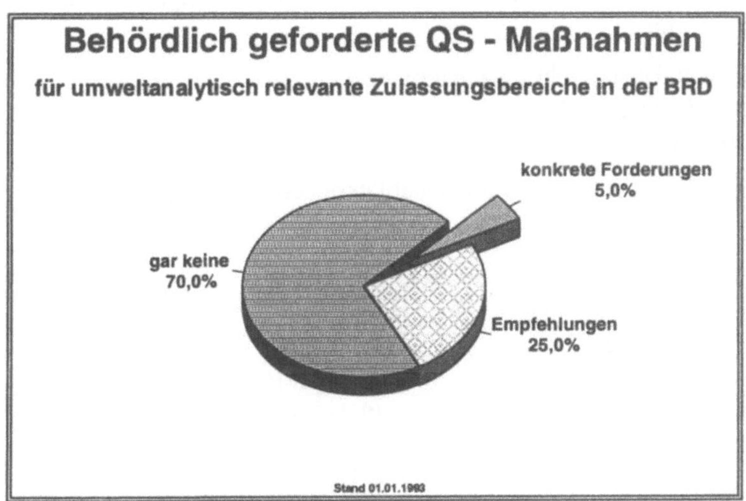

Abb. 11. Behördlich geforderte Qualitätssicherungs-Maßnahmen.

Der Trend geht allerdings auch im Bereich der Zulassungen und Akkreditierung zu verstärkter Forderung nach konkreten Qualitätssicherungs-Maßnahmen, so daß es in absehbarer Zeit bei der Novellierung bestehender Gesetze und Verordnungen zu verstärkten Forderungen nach konkreten Qualitätssicherungs-Maßnahmen kommen wird.

Da, wie schon erwähnt, die Zulassungsbereiche allerdings in der Mehrzahl länderhoheitlichen Regelungen bedürfen, wird es für Laboratorien die länderübergreifend arbeiten, notwendig sein, ein System aufzubauen, welches alle Eventualitäten der föderalen Strukturen berücksichtigt bzw. in das man leicht, ohne großen Aufwand, spezielle Forderungen integrieren kann.

Daher sollte man sich zu einem Qualitätssicherungs-System auf Grundlage der DIN EN 45001 entscheiden.[3]

---

[3] Ein Appell an dieser Stelle an die Legislativen der einzelnen Bundesländer, es im Bereich der zu fordernden Qualitätssicherungs-Maßnahmen nicht zu den gleichen Diversifikationen kommen zu lassen wie im Bereich der föderalen Zulassungen selbst.

14.3 Norm-geforderte Qualitätssicherungs-Maßnahmen

Im Bereich der durch Normen geregelten Qualitätssicherungs-Maßnahmen gibt es z.Zt. ebenfalls, wie im behördlichen Bereich, nur wenige konkrete Forderungen, aus denen allerdings sodann die benötigten Einzelmaßnahmen noch abgeleitet werden müssen (z.B. Kontrollkarten). Die Anweisungen in den Normen bestehen z.Zt. für

- **einzelne Untersuchungsparameter**
- **statistische Zwecke**
- **Kontrollfunktionen.**

Beispiele für Normen-integrierte Qualitätssicherungs-Maßnahmen sind:

Parameter	DIN-Norm	abgeleitete Qualitätssicherungs Maßnahme
AOX	38 409 H 14	Blind- und Mittelwertkarte
CSB	38 409 H 41	Mittelwertkarte
Chrom	38 406 E 10-2	Blind-, Mittelwert- und Wiederfindungskarte
Cadmium	38 406 E 19-3	dito
Quecksilber	38 406 E 12-3	dito
ICP	38 406 E 22	dito
Bestimmung der Verfahrenskenngrößen	38 402 A 51	
Ringversuch Durchführung	38 402 A 41	
Verfahrensgleichwertigkeit	38 402 A 71	

Tabelle 6 Beispiele für Norm-integrierte Qualitätssicherungs-Maßnahmen

14.4 Fazit

Um alle Eventualitäten zur Umsetzung von behördlich und Norm-geforderten Qualitätssicherungs-Maßnahmen aus momentaner Sicht berücksichtigen zu können, ist der Aufbau eines praxisgerechten und betriebsspezifischen Qualitätssicherungs-Systems auf der Grundlage der DIN EN 45 001 zu empfehlen.

Teil B Das Qualitätssicherungs-Handbuch gemäß DIN EN 45001
Allgemeine Bemerkungen

1 Sinn und Zweck eines Qualitätssicherungs-Handbuches

Ein Qualitätssicherungs-Handbuch dient der präzisen und ausführlichen Dokumentation aller mit dem Betrieb eines Laboratoriums in Verbindung stehenden Vorgänge.

In diesem Zusammenhang sollte noch einmal darauf hingewiesen werden, daß ein Qualitätssicherungs-Handbuch nur dann Sinn macht, wenn man die Qalitätssicherung im Rahmen des Qualitätsmanagements als ganzheitliche Methode versteht und betreibt. Es ist nicht sinnvoll nur Teile eines Labors oder gar einzelne Prüfmethoden bzw. einzelne Mitarbeiter in die Qualitätssicherung einzubeziehen, da es somit zu inhomogenen, gar heterogenen Betriebsabläufen kommt.

1.1 Ein Qualitätssicherungs-Handbuch dient:

- der präzisen und ausführlichen Dokumentation aller mit dem Betrieb eines Laboratoriums in Verbindung stehenden Arbeitsvorgänge,
- als Arbeitsgrundlage für die Mitarbeiter,
- der transparenten Darstellung aller Laborvorgänge,
- der Optimierung komplexer Laborabläufe und
- der Vermeidung redundanter Tätigkeiten.

Auf Grund der präzisen und ausführlichen Dokumentation können alle Laborvorgänge transparent dargestellt werden. Diese Transparenz sollte genutzt werden, um allen Mitarbeitern im Betrieb, so wie auch außenstehenden Dritten, zum

Beispiel Kunden, das Qualitätswesen des eigenen Unternehmens darzustellen und nachvollziehbar zu präsentieren.

Die transparente Darstellung aller Laborvorgänge, die im Innen- sowie im Außenverhältnis sicherlich wichtig und auch interresant ist, ist allerdings nicht die Hauptaufgabe eines Qualitätssicherung-Handbuchs. Das Qualitätssicherungs-Handbuch dient vornehmlich als Arbeitsgrundlage für alle qualitätssicherungs-involvierten Mitarbeiter. Denn genau hier befindet sich die Schnittstelle zwischen Theorie und Praxis. Jeder Mitarbeiter findet im Qualitätssicherungs-Handbuch neben Arbeitsvorschriften, Betriebsanweisungen und Sicherheitsbestimmungen eine Fülle wichtiger weiterer Informationen für seine tägliche Arbeit.

Durch die konsequente Anwendung der Qualitätssicherungs-Maßnahmen kommt es zur Optimierung komplexer Laborabläufe sowie zur Vermeidung redundanter Tätigkeiten, da jeder Mitarbeiter nicht nur weiß, wo er steht, sondern auch seine Zuständigkeitsbereiche kennt.

Das Qualitätssicherungs-System begleitet den Mitarbeiter somit und fordert ihn an bestimmten Stellen auf, qualitätssichernde Maßnahmen durchzuführen (z.B. Kontrollkarten), die ihm wiederum zur Selbstkonrolle dienen und in die Lage versetzen, komplexe Laborabläufe auf Grund der Kontrollmechanismen zu optimieren und im Ansatz mögliche Fehlerquellen zu erkennen.

Die Erkennung und Vermeidung möglicher Fehler führt zu einer höheren Produktivität, da redundante, fehlerberichtigende Tätigkeiten entfallen können. Der operative Mitarbeiter ist somit die Schlüsselfigur im Qualitätssicherungs-System. Er produziert im Idealfall die Qualität, die sodann jederzeit nachprüfbar- und nachvollziehbar ist.

2 Funktion eines Qualitätssicherungs-Handbuches

Die Funktion eines Qualitätssicherungs-Handbuches ist somit, laborumfassende Tätigkeiten sowie Arbeitsabläufe zu dokumentieren und im Gegenzug dokumentierte Tätigkeiten und Arbeitsabläufe nachzuvollziehen.

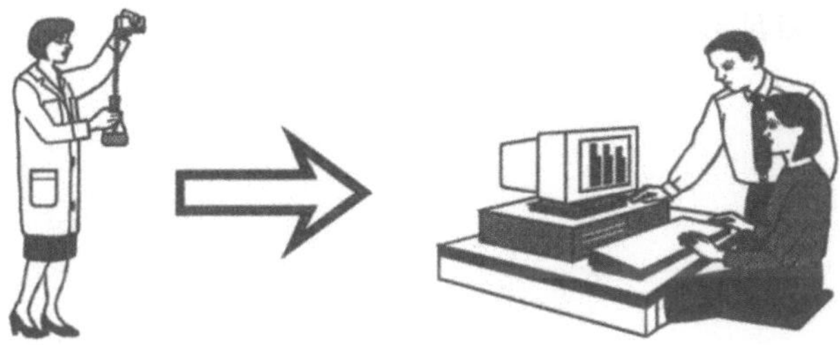

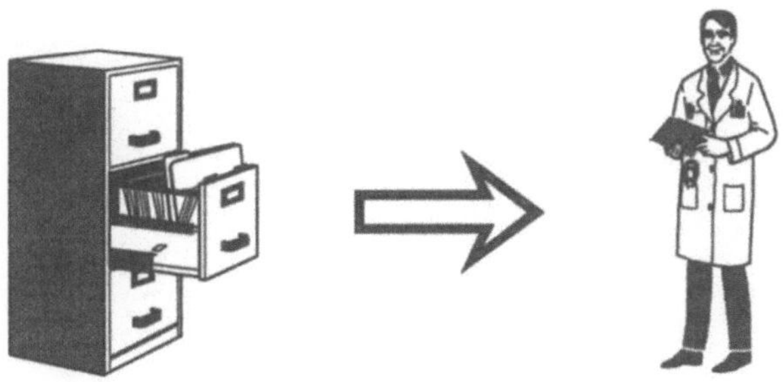

Abb. 12. Rekonstruierbare Arbeitsabläufe.

Dies erfordert im Erarbeitungsstadium des Qualitätssicherungs-Handbuches eine Fülle von Einzelinformationen und Tätigkeitsbeschreibungen, die im Rahmen von Prüfanweisungen festzulegen sind.

Der Vorteil dieser aufwendigen Vorgehensweise liegt darin, daß alle Arbeitsabläufe in Form von "Bedienungsanleitungen" dokumentiert vorliegen und jeder Mitarbeiter, sofern er über die entsprechenden Fachkenntnisse des Prüfgebietes verfügt, in der Lage ist, einzelne Arbeitsschritte in gleicher Qualität wie ein anderer Mitarbeiter durchzuführen. Insbesondere hilfreich ist dies, wenn in einem Laboratorium Verfahren angewandt werden, die standardmäßig und in der Routine häufig ausgeführt werden. Dies ist in einem umweltanalytischen Dienstleistungslabor oder im Bereich der Betriebsanalytik zum Beispiel der Fall.

Problematisch und schwieriger wird das Arbeiten unter einem Qualitätssicherungs-System z.B. bei Forschungs- oder Entwicklungslaboratorien, da hier in der Regel nicht auf festgelegte Verfahren zurückgegriffen werden kann, sondern neue Verfahren entwickelt werden, die sodann zur Anwendung gebracht werden sollen. In diesen Fällen ist sicherlich das Hauptaugenmerk auf die Validierung der einzelnen Verfahren zu legen, um somit auch in diesen Bereichen möglichst rasch zu Standards zu gelangen.

Der Dokumentationsaufwand für den letztgenannten Fall ist erheblich höher und kurzlebiger als in Bereichen, in denen teilweise jahrzehntelang standardisierte Verfahren und Normen zur Anwendung gelangen.

3 Aufwendungen für die Erarbeitung eines Qualitätssicherungs-Handbuches

Die Erarbeitung eines Qualitätssicherungs-Systems und die Dokumentation in Form eines Qualitätssicherungs-Handbuches ist ein Fulltime-Job. Um die Ziele der Qualitätssicherung zu erreichen und der Qualitätssicherung die angemessene Bedeutung zuteil werden zu lassen, ist es notwendig, eine Stabsstelle für die Qualitätssicherung zu schaffen und qualifiziert zu personalisieren. In der Regel sollte der Leiter der Qualitätssicherung Diplom-Chemiker, Diplom-Biologe o.ä., je nach Aufgabenbereich des Labors sein.

Für die reine Erstellung eines Qualitätssicherungs-Handbuches für ein z.B. organisch und anorganisch arbeitendes Umweltlaboratorium ist von einem Zeitbedarf von ca. 8-12 Mann-Monaten auszugehen, da gerade in der Anfangsphase die Erfassung, Auditierung und Erarbeitung des Handbuches sehr zeitintensiv ist.

Für die Einführungsphase bis hin zum Routinebetrieb sind nochmals ca. 6-8 Mann-Monate für den Leiter der Qualitätssicherung zu planen sowie entsprechende Eingewöhnungs- und Anpassungszeiten für die einzelnen Mitarbeiter.

Die Fortschreibung und Aktualisierung des Qualitätssicherungs-Handbuches verursacht je nach Aufwand und Anzahl neu zu installierender bzw. zu ändernder Verfahren ca. 3-5 Mann-Monate jährlich.

Neben diesen Zeitinvestitionen sollte man sich aber auch darüber im klaren sein, daß die qualitätssichernden Maßnahmen im Labor ca. 30-40% Arbeitsmehraufwand für das beschäftigte Personal bedeuten und einen Flächenzuwachs von ca. 10-15% verursachen.

Der Arbeitsmehraufwand für die Mitarbeiter resultiert im wesentlichen aus Dokumentationsaufgaben und zusätzlichen, prüfwertbezogenen Absicherungsmaßnahmen.

Der Flächenzuwachs begründet sich hauptsächlich durch einen mit dem gesteigerten Archivierungsbedarf für Prüfmaterialien, Standardreferenzmaterialien, Proben und Dokumente.

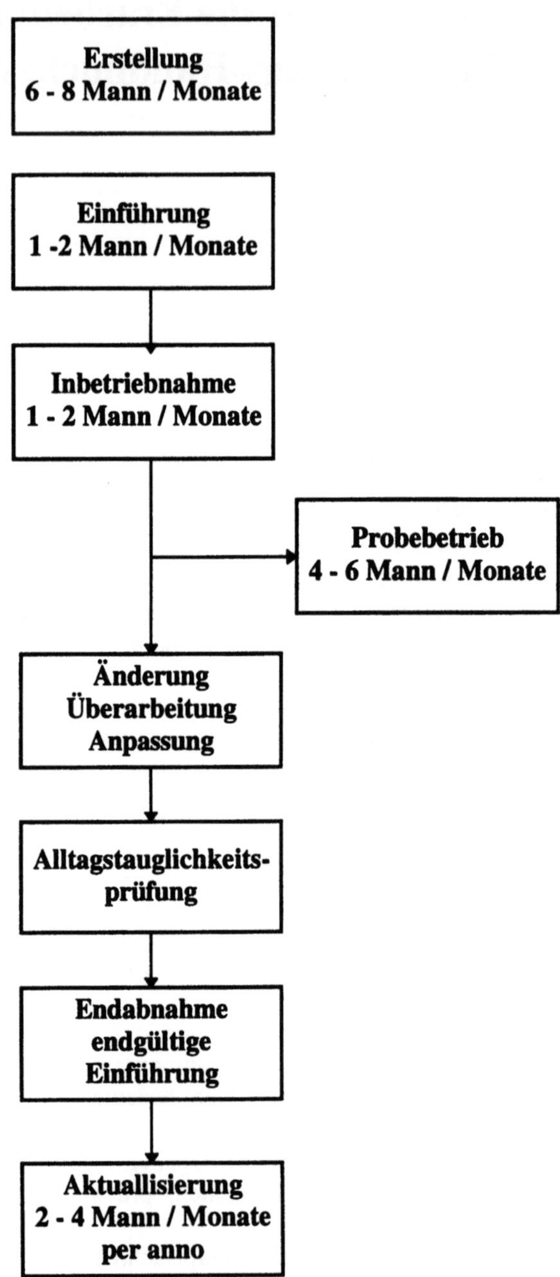

Abb. 13. Arbeitsaufwand zur Installation einen Qualitätssicherungs-Systems.

4 Vorbemerkungen im Rahmen der Anleitung zur Erstellung eines Qualitätssicherungs-Handbuches für Laboratorien

Ein Qualitätssicherungs-Handbuch ist ein Unikat. Es ist auf die speziellen Bedürfnisse und Belange des betreffenden Laboratoriums zugeschnitten und bietet dem Anwender die betriebsspezifisch optimalen Lösungen.

Um einen Überblick über den „Lebenslauf" eines Qualitätsicherungs-Handbuches zu haben, werden nach der Ersterstellung sämtliche Änderungen oder Ergänzungen in Form einer Kontrollkarte dokumentiert. Dies befriedigt nicht nur die Formalien, sondern hat den entscheidenden Vorteil, daß man auf einen Blick sehen kann, ob und wann welche Änderungen im Laufe der Zeit an dem Qualitätssicherungs-Handbuchs vorgenommen wurden.

In einem Reklamationsfall kann man z.B. sehr schnell nachvollziehen, ob im Laufe einer längeren Untersuchungsperiode ein Untersuchungsverfahren geändert wurde bzw. sich andere, auf die Qualität des Untersuchungsergebnisses auswirkende Faktoren, ergeben haben.

Die Kontrollkarte selbst bezieht sich auf das Handbuch, in welchem sie sich befindet. Grundsätzlich werden alle Änderungen in der Orginalausgabe durchgeführt und in die einzelnen Teilhandbücher übertragen. Die Kontrollkarte gibt daher Auskunft über den Standort, die letzte Ausgabe, Grund der Änderung, Tagesdatum und Unterschrift.

Das Qualitätsssicherungs-Handbuch selbst besteht in der Regel aus zwei Abschnitten.

- **Abschnitt 1**   enthält die Dokumentation der Qualitätssicherungs-Maßnahmen,
- **Abschnitt 2**   enthält die Anhänge, in denen die aktuellen Verfahrensversionen, Betriebsanweisungen, Sicherheitsanweisungen, Verfahrenskenngrößen und vieles andere mehr enthalten sind.

Teil C Das Qualitätssicherungs-Handbuch gemäß DIN EN 45001
Fachlicher Teil

1 Darstellung des Unternehmens gemäß DIN EN 45001 Abs. 3

Die Darstellung des eigenen Unternehmens erfolgt in der Weise, daß der Leser sich ein allgemeines Bild über das Unternehmen sowie dessen Leistungsfähigkeit machen kann. Wichtig ist (sowie selbstverständlich auch für alle anderen Bereiche des Qualitätssicherungs-Handbuches), daß das Unternehmen wahrheitsgetreu beschrieben wird, ohne sich in werblichen Ausschmückungen zu verlieren.

Angeführt wird die Darstellung des Unternehmens vom Unternehmensnamen, der Rechtsform, Anschrift und der üblichen Kommunikationsmittel wie Telefon, Telefax usw.

Durch die Umstellung der Postleitzahlen sollte im Bereich der Anschrift, falls vorhanden, die vollständige Postfach- sowie auch Lieferanschrift, aktuell dokumentiert werden.

Neben diesen allgemeinen Angaben, die sicherlich bereits jeden Briefbogen des Unternehmens zieren, sollten hier aber auch tiefergehende, unternehmensbezogene Daten bekannt gegeben werden. Hierzu zählen unter namentlicher Nennung die Gesellschafter oder Inhaber des Unternehmens sowie die Geschäftsleitung; insbesondere falls es eine Unterteilung zwischen kaufmännischer, und technicher Geschäftsleitung bzw. Laborleitung geben sollte.

Abgerundet werden diese allgemeine Angaben durch die Bankverbindung, den Eintrag im Handelsregister, Handwerksrolle etc., Gründungsdaten und eine kurze chronologische Unternehmensgeschichte.

Im Anschluß daran sollten die tatsächlich möglichen Leistungen des Unternehmens beschrieben werden. Besonders interessant ist es für einen möglichen Auftraggeber, die Geschäfts- und Tätigkeitsbereiche mit Hauptarbeits- und Prüfgebieten kennenzulernen, sowie zu erfahren, ob und wenn ja, in welchem Ausmaß das Labor über Akkreditierung und amtliche Zulassungen verfügt und in Vereinigungen oder Ausschüssen als Mitglied tätig ist.

2 Qualitätspolitik
gemäß DIN EN 45001 Abs. 5.4.2 und 5.4.6

Die Ausagen zur Qualitätspolitik umfassen zahlreiche Positionen, die dem Leser einen Gesamteindruck über die Qualitätsmaßnahmen des Unternehmens vermitteln. Zu Beginn der Ausführungen sollten die Arbeitsbereiche sowie die Aufgaben des Labors dargestellt werden, für die die qualitätsichernden Maßnahmen gelten, beziehungsweise zur Anwendung gelangen.

Auf Grund der Arbeitsbereiche und der Aufgaben ergibt sich für das Laboratorium eine notwendige, vorzuhaltende gerätetechniche Ausstattung. Im folgenden sollte die hierfür eingesetzte Gerätetechnik allgemein bekannt, und die Einsatzbereiche erläutert werden. Die detaillierte Beschreibung des Inventars mit allen technischen Daten erfolgt im Anhang.

Zur Erledigung der Aufgaben müssen die benannten Gerätesysteme personalisiert sein. Es sollte zur Abrundung dieses Themenkomplexes daher die Anzahl sowie die Qualifikation der einzelnen Mitarbeiter, die für die Prüfungen in den entsprechenden Aufgabenbereichen und für die Bedienung der Prüfsysteme verantwortlich sind, genannt werden. Auch hier kann man sich auf allgemeine Angaben beschränken, denn die Mitarbeiter und deren beruflicher Werdegang sind an anderer Stelle des Qualitätssicherungs-Handbuches dezidiert zu beschreiben.

Als weiterer, wichtiger Punkt im Bereich der Aussagen zur Qualitätspolitik sollten Ausführungen zur Neutralität, Unabhängigkeit und Unparteilichkeit des Prüflabors sowie zur Vertraulichkeit der Mitarbeiter zählen. Denn jeder Auftraggeber, der in ein privatwirtschaftlich orientiertes, nach Gewinn strebendes Unternehmen mitunter brisante Aufträge vergibt, möchte sicher sein, daß seine in Auftrag gegebenen Untersuchungen ohne jegliche Voreingenommenheit objektiv bewertet werden und die Ergebnisse ausschließlich ihm zur Verfügung stehen. Darüber hinaus möchte er sicher sein, daß die Mitarbeiter des Prüflabors seine Ergebnisse, die unter Umständen rechtliche Konsequenzen beinhalten, nicht öffentlich machen. Daher liegt es in der Verantwortung des Prüflabors, nur Aufträge anzunehmen und durchzuführen, die unter Wahrung der Neutralität und der Unparteilichkeit durchgeführt werden.

Ebenso muß das Prüflaboratorium (in der Bearbeitung der Aufträge) frei verantwortlich und konzernunabhängig arbeiten können und nicht auf Weisungen angewiesen sein.

Neben der Darstellung der Zuverlässigkeit eines Labors sollte etwas über die Zuverlässigkeit der Prüfgerätschaften ausgesagt werden.

Prüfgerätschaften in seinem Besitz zu haben, ist eine Sache. Eine andere ist, die Gerätschaften in einem jederzeit technisch einwandfreien Zustand zu halten und somit deren Zuverlässigkeit zu gewährleisten.

Eines der Hauptanliegen des Qualitätssicherungs-Handbuches ist, wie an anderer Stelle schon erwähnt, die Dokumentation von Arbeitsverfahren, die in einem Labor eingesetzt werden. Daher sollte man kurz beschreiben, welche Verfahrensklassen zur Bearbeitung der Aufträge standard- und routinemäßig in dem Labor eingesetzt werden. Hierzu zählen z.B. DIN-, VDI-, DEV- sowie andere dokumentierte Methodensammlungen.

Bestandteil dieser Arbeitsanweisungen sind in der Regel Qualitätskontrollsysteme, die an dieser Stelle von der Art und Weise der Kontrolle eine allgemeine Beschreibung finden sollten. Hierzu zählen z.B. diverse Kontrollkarten, Ringversuchsmaterialien, interne und externe Qualitätsaudits sowie die Verifizierung von Prüfungen durch zertifizierte Standardreferenzmaterialien und die strikte Verwendung von Prüfnormen.

Zu guter letzt sollten zur Abrundung der Aussagen zur Qualitätspolitik noch Angaben über die Kalibrierung der Prüfgerätschaften gemacht werden sowie allgemeine Angaben zur Personalschulung, Weiter- und Fortbildung.

Gerade der letzte Punkt ist für ein zukunftsorientiertes Labor in der Regel das fachliche „Stammkapital", denn nur geschulte, gut ausgebildete Mitarbeiter, die in ihrem Prüfgebiet über den neuesten Stand der Technik informiert sind, sind in der Lage qualitativ anspruchsvolle Prüfungen durchzuführen.

3 Organisation und Management
gemäß DIN EN 45001 Abs 5.1

Nachdem in den ersten beiden Kapiteln im wesentlichen allgemeine Dinge des Unternehmens dargestellt wurden, geht es in den folgenden Kapiteln mehr in die Tiefe. In allen folgenden Beschreibungen müssen dezidierte Auskünfte erteilt weden.

Da das Qualitätssicherungs-Handbuch der Spiegel des Unternehmens ist, sollte noch einmal darauf hingewiesen werden, daß alle Angaben wahrheitsgemäß und dem tatsächlichen Umfang entsprechend darzustellen sind. Eine Beschönigung oder Volumenvergrößerung führt in der Regel zu negativen Auswirkungen im Falle einer Überprüfung durch einen Kunden.

Im Rahmen der Organisation des Managements ist nur der Teil der betrieblichen Organisation und des Managements von Wichtigkeit, der in die qualitätssichernden Maßnahmen involviert bzw. von ihnen betroffen ist.

Die folgenden Positionen inklusive deren Vertreter sind unter namentlicher Nennung bekanntzugeben:

- **Technicher Geschäftsführer,**
- **Technischer Leiter,**
- **Institutionsleiter,**
- **Laborleiter,**
- **Hauptabteilungsleiter,**
- **Abteilungsleiter und**
- **Bereichsleiter.**

Grundsätzlich sollten die oben aufgeführten Positionen im Unternehmen vorhanden sein. Sollten die oben genannten Positionen nicht in jedem Fall personalisiert sein, so sind Aufgabenwahrnehmungen grundsätzlich in Personalunion zulässig, solange sich hieraus keine qualitätsrelevanten Interessenskonflikte ergeben.

Diese Aussage trifft auch auf alle folgenden Kapitel zu.

4 Organigramm
gemäß DIN EN 45001 Abs. 5.4.2

Die Position Organigramm in einem Qualitätssicherungs-Handbuch umfaßt genaugenommen zwei Organigramme.

In einem ersten Organigramm sollten die aufgaben- und abteilungsbezogenen Zusammenhänge abstrakt und bereichsbezogen dargestellt werden.

In dem zweiten Organigramm sind die Aufgabenverteilungen abteilungsbezogen zu gliedern und unter namentlicher Nennung der Mitarbeiter übersichtlich darzustellen. Hierbei kommt es nicht darauf an, daß die namentlich erwähnten Mitarbeiter die dort angegebenen Aufgaben auch tatsächlich ausführen, sondern es geht um die Darstellung der Verantwortlichkeit für die entsprechenden Tätigkeiten.

5 Organisation der Qualitätssicherung
gemäß DIN EN 45001 Abs. 5.4.2

In gleicher Weise wie unter Position 3 Organisation und Management eine namentliche Nennung der Position und deren Vertreter erfolgt ist, ist dies im Bereich der Organisation der Qualitätssicherung erforderlich. Hier sind der Leiter der Qualitätssicherung sowie dessen Stellvertreter zu nennen.

6 Personalqualifikation, Eignung und Weiterbildung
gemäß DIN EN 45001 Abs. 5.1 und 5.2

Im Rahmen des Kapitels Personalqualifikation, Eignung und Weiterbildung sind separat für jeden Laborbereich und jeden Verantwortlichen (in der Hierarchie vom Abteilungsleiter bis zum verantwortlichen Prüfer) tätigkeitsbezogen folgende erläuternde Mindestangaben zu machen:

- **Zuständigkeitsbereich respektive Arbeitsbereich**
  für die ein Mitarbeiter verantwortlich zeichnet,
- **Die Position des Verantwortlichen**
  (Abteilungsleiter, Leiter AAS usw.),
- **Die Funktion des Verantwortlichen,**
  die die operative Funktion beschreibt, die dieser im Rahmen seines Prüfgebietes wahrnimmt oder abdeckt, bzw. den Namen des Verantwortlichen sowie den beruflichen Lebenslauf einschließlich der Fort- und Weiterbildungsmaßnahmen in seinem Arbeitsbereich, für den er verantwortlich ist.

Der berufliche Lebenslauf beginnt mit der datierten Bezeichnung des Berufsabschlusses und geht unter Aufzählung seiner beruflichen Entwicklung zum heutigen Tage.

Im Bereich der Fort- und Weiterbildungsmaßnahmen sind für das Qualitätssicherungs-Handbuch nur die Maßnahmen wichtig und zu beschreiben, die der Prüfer im Rahmen seines Berufsbildes bzw. seines Verantwortungsbereiches, für den er als Prüfer zuständig ist, durchlaufen hat.

7 Geschäftsordnung
gemäß DIN EN 45001 Abs. 5.1

Die Geschäftsordnung umfaßt folgende Positionen im Unternehmen sowie deren Stellvertreter:

- **Technischer Leiter,**
- **Kaufmännischer Leiter,**
- **Laborleiter,**
- **Leiter der Qualitätssicherung,**
- **Leiter der Arbeitssicherheit und**
- **alle verantwortlichen Prüfer.**

Die Mindestangaben, die zu den vorgenannten Positionen und deren Stellvertretern im Unternehmen gemacht werden müssen, sind die Nennung der:

- **Position,**
- **Funktion,**
- **Namen,**
- **präzisen Tätigkeitsbeschreibungen und die**
- **präzisen Beschreibungen und Abgrenzungen der Verantwortungsbereiche**

Dies bedeutet, daß jeder vorgenannten Position eine exakte Tätigkeits- sowie Arbeitsplatzbeschreibung vorliegen muß, damit der Verantwortliche über Art und Umfang seiner Aufgaben, seiner Kompetenzen, seiner Rechte und Pflichten sowie der von ihm erwarteten Leistung informiert ist.

Die Ausführungen hierzu sollten dezidiert unter tatsächlicher Nennung der Aufgaben erfolgen und nicht global pauschalisierend sein, wie z.B. Herr XY ist zuständig für die Ionenchromatographie. Dies reicht bei weitem nicht aus. Eine Tätigkeitsbeschreibung umfaßt im vorliegenden Beispiel der Ionenchromatographie die folgenden Aussagen:

- Herr XY hat dafür Sorge zu tragen, daß die Systemkomponenten der Ionenchromatographie regelmäßig in den festgelegten Abständen gewartet und überpüft werden. Er hat für die tägliche Kalibrierung der Ionen Chlorid, Sulfat, Nitrat usw. Sorge zu tragen.

- Er hat die Mittelwert- sowie Wiederfindungskontrollkarte im Rahmen jeder Prüfung zu führen und den Abteilungsleiter bei auftretenden Unregelmäßigkeiten umgehend zu informieren.
- Er hat die Prüfungen in der von der Laborleitung angegebenen Art und Weise termingerecht auszuführen.
- Er hat die Standardarbeitsanweisungen für seinen Arbeitsbereich einzuhalten. Sollte er hiervon aus fachlichen Gründen abweichen müssen, hat er dies zu dokumentieren und den Leiter der Qualitätssicherung sowie den Laborleiter über die Änderungen zu informieren.
- Er hat dafür Sorge zu tragen, daß die für den Betrieb der Ionenchromatographie notwendigen Roh-, Hilfs- und Betriebsstoffe sowie Verbrauchsmaterialien in ausreichender Anzahl bevorratet werden.
- Er hat seinen Arbeitsplatz stets sauber und ordentlich zu halten und zum Arbeitsende aufgeräumt zu verlassen.
- Er ist verantwortlich für........usw.

8 Geschäftsverteilungsplan
gemäß DIN EN 45001 Abs. 5.1

Der Geschäftsverteilungsplan beschreibt, wer im Unternehmen für welche Aufgabengebiete zuständig ist und von wem welche Arbeitsbereiche zu erledigen sind.

Insbesondere muß im Rahmen des Geschäftsverteilungsplanes beschrieben werden, wer für die Beschaffung von Prüfaufträgen verantwortlich ist und wie die Beschaffung der Prüfaufträge in der Praxis realisiert wird. Hierzu gehört auch eine kurze Beschreibung zur Handhabung der Angebotsabwicklung. In diesem Zusammenhang ist es auch sinnvoll, auf die, falls vorhanden, allgemeinen Geschäftsbedingungen des Prüflabors hinzuweisen.

Der Geschäftsverteilungsplan sollte auch Auskunft darüber geben, wer die Prüfung vornimmt, ob mögliche Aufträge überhaupt realisierbar sind bzw. ob Unteraufträge zur Erledigung eines Auftrages erteilt werden müssen.

Im weiteren müssen Angaben gemacht werden, von wem und wie die Abwicklung von Prüfaufträgen kaufmännisch sowie technisch erfolgen.

Neben den Angaben zu diesen administrativen Belangen eines Labors sind auch Angaben zu den technischen Einrichtungen eines Labors unter Nennung des Verantwortlichen zu machen. Hierzu zählen insbesondere, wer für die Beschaffung von Einrichtungsgegenständen, Verbrauchsmaterialien sowie Prüfgerätschaften zuständig ist und wie der Entscheidungsweg über die Anmeldung eines Bedarfs bis zur Beschaffung ist.

Des weiteren sollte festgelegt werden, wer im Laboratorium zuständig ist für die Inbetriebnahme von neuen Prüfgeräten sowie für deren Funktionskontrolle und Wartung.

Bei der Wartung von Prüfgeräten sollten nicht nur Verantwortlichkeiten für Prüfgeräte selbst gebildet werden, sondern insbesondere auch für allgemein genutzte Peripheriegeräte. Diese werden oftmals im Wartungsplan vergessen bzw., es fühlt sich niemand für diese Geräte zuständig.

Zu den häufig in Vergessenheit geratenen Gerätschaften zählen z.B.:

- Zentrale Drucklufterzeugung, zentrale Kühlwasserversorgung, zentrale Gasversorgung, Glühöfen, Trockenschränke, Schüttler, Mühlen u.v.a.m..

Im Rahmen des Geschäftsverteilungsplanes gibt es einen sehr wichtigen Punkt, der nicht nur unter Nennung der Zuständigkeit, sondern insbesondere einer detaillierten und näheren Beschreibung bedarf. Dies ist die Unterauftragsvergabe.

Grundsätzlich sollten die beauftragten Prüfungen mit eigenem Personal und eigenen Gerätschaften im eigenen Labor ausgeführt werden. Sollte dies nicht vollständig möglich sein, so sind in der Regel Unteraufträge zu vergeben.

Bei der Unterauftragsvergabe sollten nur Laboratorien berücksichtigt werden, die ebenfalls den Anforderungen der DIN EN 45001 genügen und wiederum die in Unterauftrag vergebenen Prüfungen selbst durchführen. Es darf nicht zu einem, wie in der Praxis oft angetroffenen, Probentourismus kommen, denn die qualifizierte Analytik ist keine Handelsware, die von einem zum anderen weitergereicht werden darf.

Das unterbeauftragte Labor sollte daher die Prüfungen selbst in der Routine durchführen und ihre Qualitätssicherugs-Maßnahmen dokumentieren. Denn auch für die in Unterauftrag vergebenen Arbeiten ist das Auftraggeberlabor in gleicher Weise verantwortlich wie für die Bestimmungen, die es im eigenen Haus durchführt.

Darüberhinaus sollten Unterauftragsvergaben nicht insgeheim durchgeführt werden, sondern der Auftraggeber ist über die Unterauftragsvergabe durch namentliche Nennung des Unterauftragnehmers zu informieren und sollte in der Regel der Unterauftragsvergabe zustimmen.

9 Unterschriftsordnung
gemäß DIN EN 45001 Abs. 5.1

Die Unterschriftsordnung dokumentiert die Zeichnungsberechtigung aller Personen, die Positionen besetzen, denen Verantwortungsbereiche übertragen wurden. Hierbei ist unter Angabe der Position, des Namens und der Unterschrift des Verantwortlichen genau die Unterschriftskompetenz zu erläutern, damit im Innen- sowie auch im Außenverhältnis klar wird, wer für welche Bereiche und in welchem Umfang unterschrifts- oder zeichnungsberechtigt ist.

10 Verwaltung, Verfügbarkeit und Überarbeitung des Qualitätssicherungs-Handbuches
gemäß DIN EN 45001 Abs. 5.4.2

Neben der Kontrollkarte, die als Deckblatt ein jedes Qualitätssicherungs-Handbuch ziert, sollte eine Übersicht existieren, aus der sich ergibt, wo sich im Unternehmen überall Qualitätssicherungs-Handbücher befinden und ob es sich hierbei um Gesamt- oder Teilausgaben handelt und wer für den Arbeitsbereich und somit für das Handbuch zuständig ist.

Im Regelfall liegt das Qualitätssicherungs-Handbuch als vollständiges Original beim Leiter der Qualitätssicherung vor, die erste Kopie beim Laborleiter und die zweite Kopie beim Technischen Geschäftsführer.

Die anderen Kopienummern können nach einem beliebigen System in den entsprechenden Abteilungen verteilt werden.

Der verantwortliche Leiter der Qualitätssicherung sollte bestätigen, daß das Qualitätssicherungs-Handbuch von ihm ständig überprüft, überarbeitet und aktualisiert wird. Er sollte weiterhin versichern, daß das Original unter Verschluß aufbewahrt wird.

Im übrigen sollte er sich eine Empfangsbestätigung für die Übergabe der Qualitätssicherungs-Handbücher von den einzelnen Empfängern geben lassen, die ebenfalls Bestandteil des Qualitätssicherungs-Handbuchs werden.

11 Prüf-, Arbeits- und Sicherheitsanweisungen
gemäß DIN EN 45001 Abs. 5.4.1 und 5.1

11.1 Prüfanweisungen

Prüfanweisungen können in der Regel recht kurz und knapp gehalten werden. Sie dienen dem verantwortlichen Prüfer nur zur Identifikation der Prüfmethode, die für die entsprechende Untersuchung vorgeschrieben ist.

Eine Prüfanweisung ist daher matrixabhängig mit Nennung der Prüfung und Verweis auf die entsprechende Arbeitsanweisung in Form von Normenzitaten mit Methodenquellen zu geben.

Sollte es sich um kein dokumentiertes Verfahren handeln, ist allerdings eine dezidierte Beschreibung der Prüfung erforderlich.

11.2 Arbeitsanweisungen

Arbeitsanweisungen sind als präzise Beschreibung der durchzuführenden Arbeitsschritte, die im Rahmen einer Prüfung erforderlich sind bzw. zu beachten sind, festzulegen. Die Arbeitsanweisungen sind der verbindliche Fahrplan, den der Prüfer im Regelfall einzuhalten hat. Im wesentlichen bestehen die Arbeitsanweisungen aus den folgenden Punkten:

- **allgemeine Angaben zum Verfahren der Prüfung,**
- **Bezeichnung des Verfahrens,**
- **Verfahrensgrundlagen,**
- **Anwendungsbereiche,**
- **Störeinflüsse,**
- **Notwendige Gerätschaften,**
- **Chemikalien,**
- **Durchführung der Prüfung,**
- **Kalibrierung,**

- **Kontrollmechanismen,**
- **Auswertung,**
- **Angabe der Prüfergebnisse,**
- **Bestimmungs- und Nachweisgrenzen sowie**
- **Verfahrenskenngrößen.**

All diese vorgenannten Punkte sind für jede Prüfung dezidiert zu beschreiben und festzulegen. Für den Fall, daß für Prüfungen normierte oder andere dokumentierte Verfahren eingesetzt werden, enthält in der Regel die Norm den gleichen Aufbau wie die Arbeitsanweisung und kann in vielen Fällen somit vollständig übernommen werden.

Allerdings ist es nicht zulässig, im Rahmen der Arbeitsanweisungen ausschließlich auf eine existierende Norm hinzuweisen. Die Arbeitsanweisungen müssen in der vorgenannten Weise im Rahmen des Qualitätssicherungs-Handbuches genau beschrieben und dokumentiert werden.

11.3 Sicherheitsanweisungen gemäß § 20 Gefahrstoffverordnung

Sicherheitsanweisungen beschreiben in erster Linie zum Schutz des Prüfers die Notwendigkeit und die Anwendung von Sicherheitsmaßnahmen vor, während und nach einer Prüfung für die zur Durchführung einer Prüfung einzusetzenden Geräte und Chemikalien.

Um unnötigen Dokumentationsaufwand zu vermeiden, ist es ratsam, die Sicherheitsanweisungen direkt in die Arbeitsanweisungen zu integrieren. Als Mindestumfang einer Sicherheitsanweisung sollten folgende Punkte detailliert beschrieben werden:

- **Geräte und Chemikalien,**
- **Gefahrenquellen,**
- **Gefahrstoffbezeichnungen,**
- **Gefahren für Menschen und Umwelt,**
- **Schutzmaßnahmen und Verhaltensregeln,**
- **Erste-Hilfe,**
- **Hinweise zur sachgerechten Benutzung sowie**
- **Hinweise zur sachgerechten Entsorgung.**

Grundsätzlich ist diese Beschreibung für jede Chemikalie separat durchzuführen. Zusammenfassungen für verschiedene Chemikalien können für den Fall in Betracht kommen, daß sämtliche Beschreibungen von den Gefahrenquellen bis zu den Hinweisen zur sachgerechten Entsorgung identisch sind.

Im Falle von Abweichungen ist es nicht zulässig, in einer Sicherheitsanweisung Ausnahmen zu bilden. Für den Fall müßte eine separate Sicherheitsanweisung gemäß § 20 Gefahrstoffverordnung verfaßt werden.

11.4 Betriebsanweisungen

Betriebsanweisungen sind allgemeine sowie spezielle Anweisungen und Verhaltensregeln, die Mitarbeiter über Belange des Unternehmens und speziell des Laboratoriums informieren.

Grundsätzlich kann man sicherlich alles schriftlich regeln und mit Ge- und Verboten versehen. Betriebsanweisungen sollten allerdings schon den Charakter von besonders wichtigen Mitteilungen oder Hinweisen für die Mitarbeiter haben. Aus diesem Grund sollte abgewogen werden, ob es notwendig ist, Betriebsanweisungen schriftlich zu verfassen oder ob es u.U. nicht auch im Einzelfall ausreichend ist, einem entsprechenden Mitarbeiter einen mündlichen Hinweis zu geben.

12 Allgemeine technische Voraussetzungen
gemäß DIN EN 45001 Abs. 5.3 und 5.4.1

Die allgemein technischen Voraussetzungen beschäftigen sich im wesentlichen mit den Räumlichkeiten eines Labors und geben Auskunft über die Eignung derselben für die in diesen Räumen durchzuführenden Arbeiten.

Beginnen sollten die Ausführungen mit einer allgemeinen Beschreibung des Betriebsgebäudes. Als Beilage wird ein Lageplan sowie Grundrißplan je Geschoß, Raumpläne und Raumblätter erwartet. In den Raumblättern ist die Ausstattung des Raumes selbst von der Fliese am Boden über den Wandanstrich bis hin zum Deckenbelag zu beschreiben; inklusive der Beschreibung der technischen Ausrüstungen wie Strom, Wasser, Energien etc.

Nach dieser eher allgemeinen Beschreibung der einzelnen Örtlichkeiten sollte eine raumbezogene Nutzungsbeschreibung folgen. Die raumbezogene Nutzungsbeschreibung wiederum sollte über folgende Einzelheiten Auskunft geben:

- **Geräteausstattung,**
- **laborbezogene Energien und Medien,**
- **klimatische Bedingungen,**
- **Besonderheiten,**
- **raumbezogene, technische Kontrollvorgänge,**
  z.B. die ständige Kontrolle der Temperatur, Luftfeuchtigkeit, oder andere für die Abwicklung einer Prüfung notwendigen Besonderheiten.

13 Allgemeine Maßnahmen zur Qualitätssicherung

gemäß DIN EN 45001 Abs. 5.3.3 und 5.4.2

Die allgemeinen Maßnahmen zur Qualitätssicherung umfassen im wesentlichen drei Themenkreise, die es zu behandeln gilt:

- **Maßnahmen zur internen Qualitätssicherung,**
- **Maßnahmen zur externen Qualitätssicherung und**
- **Maßnahmen für zu überwachende Geräte.**

13.1 Interne Qualitätssicherungs-Maßnahmen

Im Rahmen der internen Qualitätssicherungs-Maßnahmen sollte beschrieben werden, wie und in welcher Form die Kalibrierung von Prüfgeräten erfolgt, verbunden mit Angaben über die Häufigkeit der Ermittlung von Verfahrenskenngrößen. Desweiteren, in welcher Form Konntrollkarten zum Einsatz gelangen und welche Kontrollkartensysteme für welche Prüfspezie benutzt werden.

Die Kontrollmechanismen sollten auch mit Angaben über den Einsatz von Standardreferenzmaterialien sowie das Einschleusen von „getarnten" Kontrollproben, falls dies in einem Laboratorium praktiziert wird, erläutert werden. Falls das Einschleusen von „getarnten" Konntrollproben praktiziert werden soll, wäre es sinnvoll, die Mitarbeiter über diese Absicht global zu informieren, denn mit dieser Maßnahme trifft man oftmals einen sehr sensiblen Punkt im Bereich der vertrauensbildenden Maßnahmen zwischen Mitarbeitern und Vorgesetzten.

13.2 Externe Qualitätssicherungs-Maßnahmen

Im Bereich der externen Qualitätssicherungsmaßnahmen sind im wesentlichen zwei Bereiche zu nennen:

- **Teilnahme an Ringversuchen und**
- **freiwilliger Probenaustausch mit befreundeten Laboratorien.**

In beiden Fällen sollte beschrieben werden, wer Veranstalter des Ringversuches bzw. der Vergleichuntersuchung ist und aus welchen Anlaß dies geschieht, z.B. im Rahmen der Zulassung gemäß § 60 a Landeswassergesetz NRW.

Darüber hinaus werden folgende Angaben erwartet:

- Häufigkeit der Ring- oder Vergleichsuntersuchungen,
- Matrix,
- Prüfparameter,
- Ergebnis des Ringversuches für das teilnehmende Labor.

Ringversuche und vergleichende Untersuchungen sind ein probates Mittel, um Qualität im Labor zu steigern. Berücksichtigt werden sollte allerdings, daß Ringversuche keinen Sonderstatus im Labor erhalten, sondern in der Routine wie eine X- beliebige „normale" Probe behandelt werden.

Ringversuche führen zu einer verbesserten Übung des Mitarbeiters und einer guten Selbstkontrolle.

13.3 Zu überwachende Geräte

Zu überwachende Geräte sind streng genommen sämtliche Laborgeräte, die eingesetzt werden, um Prüfungen durchzuführen und im Rahmen der Qualitätssicherung relevant sind. Streng genommen gehören Meßzylinder, Meßkolben ebenso zu den zu überwachenden Geräten wie Waagen oder große komplexe instrumentell-analytische Gerätesysteme.

Beschreibungen, die im Rahmen der allgemeinen Maßnahmen zur Qualitätssicherung auf zu überwachende Geräte entfallen, sind umfangreich und sollten am sinnvollsten über ein entsprechendes Inventarverzeichnis im Anhang dokumentiert werden:

Ergänzt werden diese Angaben für jedes Gerät individuell mit Angabe von Wartungsintervallen sowie detaillierte Ursachen und Ersatzteilbeschreibung im Fall von Funktionsstörungen, Umbauten und Reparaturen.

Diesem Bereich kommt eine besondere Bedeutung zu, so daß ein eigenes Kapitel hierüber berichtet.

14 Prüfmittelüberwachung
gemäß DIN EN 45001 Abs. 5.3.3

Die Beschreibung der Prüfmittelüberwachung beginnt mit der Überprüfung der Funktionsfähigkeit, die normalerweise beim täglichen Gebrauch des Gerätes festgestellt wird.

Sollten im Routienearbeitsablauf Funktionsstörungen auftreten, so ist als erste Überwachungsmöglichkeit eine erneute Kalibrierung sowie andere einfache Testverfahren gemäß Herstellerangaben durchzuführen, um den Fehler zu identifizieren.

Ist dies mit normalen Labormitteln nicht möglich oder gar eine Reparatur notwendig, so ist das entsprechende Gerät zur Reperatur auszusondern, unter Ausschluß der Möglichkeit der Wiederinbetriebnahme vor der Reparatur.

In größeren Laboratorien, in denen u.U. Mitarbeiter Geräte gemeinsam benutzen, ist die wirksamste Methode eine Inbetriebnahme vor der Reparatur unmöglich zu machen, das Ziehen des Netzsteckers sowie das Anbringen eines Schildes, welches über die Fehlfunktion des Gerätes informiert.

Nach Bekanntwerden eines Prüfmittelfehlers ist vom Leiter der Qualitätssicherung zu prüfen, ob Prüfergebnisse, die zeitlich vor Bekanntwerden des Fehlers ermittelt wurden, betroffen sind.

Ist dies der Fall, ist in Anlehnung an das Beschwerdeverfahren (s. Kapitel 20) zu verfahren.

Nach durchgeführter Reparatur ist eine Funktionsprüfung mit angeschlossener Kalibrierung durchzuführen. Sollten alle Systemkomponenten einwandfrei arbeiten, kann das Gerät in den Routienebetrieb zurückgeführt werden.

Über den gesamten Vorgang von der Überprüfung der Funktionsfähigkeit über die Reparatur, die erneute Funktionsprüfung und Kalibrierung inklusive der Rückführung in den Routinebetrieb sind sämtliche ergriffenen Maßnahmen im Rahmen des Qualitätssicherungs - Handbuches zu dokumentieren.

15 Probenregistrierung, Umlauf und Probenvorbereitung
gemäß DIN EN 45001 Abs. 5.4.5

Die Dokumentation der qualitätssichernden Maßnahmen beschäftigt sich nicht nur mit der apparativen und personellen Ausstattung eines Labors, sondern schließt auch das Probenhandling in die Qualitätssicherung mit ein.

Im wesentlichen sind folgende Abläufe in der später beschriebenen Form zu dokumentieren.

- **Probeneingang,**
- **Probenregistrierung,**
- **Anfertigung eines vorläufigen Prüfberichts,**
- **Abgleichskontrolle des vorläufigen Prüfberichts mit dem Orginalauftrag,**
- **Weiterleitung des vorläufigen Prüfberichts und des Orginalauftrags an den Laborleiter,**
- **Konntrolle durch den Laborleiter,**
- **Entscheidung des Laborleiters über anzuwendende Prüfverfahren, Probenvorbereitungsmaßnahmen und Probenaufbereitungstechniken,**
- **Weiterleitung der Proben an die Probenverteilungsstelle,**
- **Homogenisierung und Teilung der Proben,**
- **Weiterleitung der Proben gemäß Anweisung des Laborleiters an die entsprechenden Prüfabteilungen,**
- **Lagerung und Archivierung der Restprobenmaterialen nach Abschluß der Prüfungen,**
- **ordnungsgemäße Entsorgung der Proben nach Ablauf der Lagerfrist.**

15.1 Probenregistrierung

Der Probeneingang ist im Probeneingangsbuch zu registrieren (Eingangsdatum, Auftraggeber, Probennummer des Auftraggebers, Matrix, Labornummer). Die eingegangenen Proben sind mit Klebeetiketten, die fortlaufende Labornummern tragen, zu versehen. Ebenfalls wird ein vorläufiges Prüfberichtsblatt angelegt, in das Eingangsdatum, Auftraggeber, Probennummer des Auftraggebers und Labornummer sowie Prüfparameter, Prüfverfahren, Maßeinheit, Hinweis auf zusätzliche Prüfungen im Bereich Anorganik / Organik bzw. im Labor eines Unterauftragnehmers etc. eingetragen werden. Das vorläufige Prüfberichtblatt wird zusammen mit dem schriftlichen Auftrag des Auftraggebers dem Laborleiter vorgelegt. Dieser entscheidet über anzuwendende Probenvorbereitungs- und Probenaufschluß-Verfahren, soweit diese nicht bereits vom Auftraggeber festgelegt wurden.

Der schriftliche Auftrag des Auftraggebers wird in die entsprechende Ablage des technischen Geschäftsführers gegeben, das vorläufige Prüfberichts-Blatt wird in den Ordner für offene Prüfaufträge des Bereichs Anorganik bzw. Organik eingeheftet.

15.2 Probenumlauf und Probenvorbereitung

Die Proben werden in das entsprechende Labor gegeben. Hier erfolgt das Homogenisieren, Teilen, Filtrieren, Trocknen, etc. der Proben je nach Aufgabenstellung.

Weitere Probenvorbereitungen wie Lösen, Aufschließen, Extrahieren, Zumischen spezifischer Reagenzien u.a. werden in den Labors X (anorganische Prüfungen) und Y (organische Prüfungen) durchgeführt.

Nach den probenvorbereitenden Maßnahmen werden die Proben gemäß dem Prüfungsumfang den verantwortlichen Prüfern übergeben.[4]

---

[4] **Besondere Bemerkung !** Im Verlauf des Textes wird bewußt immer von **...übergeben** der Proben, etc. gesprochen. Das hat den Hintergrund, daß Proben etc. tatsächlich einer Person **übergeben** und nicht auf dessen Arbeitsplatz abgestellt werden sollten. In der Praxis zeigt sich häufig, daß abgestellte und nicht übergebene Dinge oftmals in Vergessenheit geraten bzw. der vermeintliche Empfänger nichts mit Ihnen anzufangen weiß und sie stehen läßt.

16 Prüfungsablauf
gemäß DIN EN 45001 Abs. 5.4.2

Im Rahmen der Dokumentation des Prüfungsablaufes sind drei Themenkomplexe zu behandeln:

- **Prüfplan,**
- **Dokumentation der Prüfung und**
- **Kontrollvermerke.**

Der Prüfungsablauf erfolgt gemäß Prüfplan des vorläufigen Prüfberichtes. Der Prüfplan enthält Angaben über den Prüfer, Bezeichnung der Prüfung, zu benutzendes Prüfgerät, anzuwendende Prüfmethode, Form der Ergebnisangabe, Nachweis- und Bestimmungsgrenzen, Prüfbeginn, Prüfende, Kontrollanweisungen, Überprüfungsvorgehensweisen.

Der Prüfplan ist somit die dokumentierte Umsetzung eines Prüfauftrages und enthält neben laborinternen Kontroll- und Überprüfungsanweisungen im wesentlichen die Angaben, die später in den Prüfbericht aufgenommen werden.

Über die Dokumentation der Prüfungsfakten hinaus sind weitere laborinterne, prüfungserforderliche und -begleitende Maßnahmen zu dokumentieren, um ausgehend vom Prüfbericht im Rahmen des Prüfplans, zurückliegende Untersuchungen nachvollziehen und nachprüfen zu können.

Neben dem späteren Prüfbericht sind somit folgende Aufzeichnungen auftragsbezogen zu sammeln und zu archivieren:

- **Angaben über Art und Umfang der Kalibrierung,**
- **Angaben über die Verwendung und der Art von Kontrollkarten,**
- **Sammlung der Rohdaten,**
- **Angaben über die Berechnungsgrundlage, die zu den späteren Ergebnissen geführt hat,**
- **Notizen über Besonderheiten und Beobachtungen,**
- **Spektren, Chromatogramme, etc.**

Ebenso müssen zur lückenlosen Dokumentation etwaige Änderungen und Korrekturen mit Unterschrift und Datum dokumentiert werden, die Aufschluß über den Grund für Änderungen und Korrekturen geben.

Abgerundet wird die Dokumentation des Prüfungsablaufs durch Kontrollvermerke, die Auskunft über die Art der Kontrolle geben (z.B. Plausibilitätsberechnung) und von wem die Kontrollen durchgeführt wurden.

17 Prüfbericht
gemäß DIN EN 45001 Abs. 5.4.3

Prüfberichte sind die sorgfältige, klare und eindeutige Zusammenfassung aller durchgeführten Prüfungen, deren Ergebnisse, Beobachtungen sowie aller wichtigen begleitenden Informationen. Prüfberichte sind objektiv und protokollieren ausschließlich die Prüfungsfakten.

Prüfberichte enthalten **keine** bewertenden Angaben noch gutachterliche Stellungnahmen, Ratschläge, Hinweise oder andere sich aus den Prüfergebnissen ableitende Konsequenzen. Diese Angaben sind unter Bezug auf den Prüfbericht als Anlage beizufügen, aber selbst nicht Bestandteil des Prüfberichtes.

Der Prüfbericht selbst muß folgende Positionen enthalten und zu diesen Auskunft geben:

- **Name und Anschrift des Prüflaboratoriums,**
- **Nummer oder Kennzeichnung des Prüfberichtes,**
- **Name und Anschrift des Auftraggebers,**
- **Seitennummern und Gesamtseitenzahl des Prüfberichtes,**
- **Beschreibung und Bezeichnung der Probe,**
- **Eingangsdatum der Probe,**
- **Prüfbeginn und Prüfende,**
- **Prüfverfahren und Prüfanweisungen sowie**
- **Angaben zur Probenentnahme.**

Des weiteren sind folgende Angaben in einen Prüfbericht zu integrieren:

- Abweichungen, Zusätze oder Einschränkungen gegenüber Prüfspezifikationen,
- Informationen, die von Bedeutung sind,
- Angaben über angewandte nicht normierte Verfahren, Messungen und Untersuchungen,
- Abgeleitete Ergebnisse eventuell ergänzt durch Tabellen, Grafiken und festgestellte Fehler,
- Angaben zur Meßunsicherheit,
- Datum und Unterschrift des verantwortlichen Prüfers bzw. Zeichnungsberechtigten für Prüfberichte,

- Hinweise, daß sich die ermittelten Ergebnisse ausschließlich auf die geprüften Proben beziehen sowie
- ein Hinweis, daß ohne Genehmigung des Prüflaboratoriums der Prüfbericht nicht öffentlich gemacht werden darf

Der Prüfbericht ist die Visitenkarte des Prüflaboratoriums und sollte daher in einer entsprechenden Form präsentiert werden. Der Kunde erhält für viel Geld ein Stück Papier, welches positive oder auch negative Ergebnisse für seinen Anwendungsfall beinhaltet.

Daher sollte auch der Prüfbericht entsprechend klar gegliedert und übersichtlich gestaltet werden und dem Kunden den Eindruck vermitteln, daß seine Proben mit gebührendem Respekt behandelt wurden und er von der Richtigkeit der Ergebnisse ausgehen kann.

Sollten Korrekturen während der Fertigung des Prüfberichtes vonnöten sein, so sollten diese zweifelsfrei, besser noch für den Kunden nicht erkennbar sein. Sollte dies schreibtechnisch nicht möglich sein, ist der fehlerhafte Prüfbericht zu verwerfen und ein neuer Bericht fehlerfrei zu erstellen, der letztendlich dem Kunden übersandt wird.

18 Aufzeichnung und Archivierung
gemäß DIN EN 45001 Abs. 5.4.1 und 5.4.4

Um Prüfungen und Prüfergebnisse jederzeit wiederholen bzw. nachprüfen zu können, müssen alle prüfrelevanten Teile je Prüfauftrag aufgezeichnet und archiviert werden.

Zu den Mindestaufzeichnungen, die zur Archivierung gelangen, zählen:

- **Originalauftrag,**
- **Originalprüfmuster (Probe),**
- **Beobachtungen,**
- **Rohdaten,**
- **Berechnungen und abgeleitete Daten,**
- **Kalibrierkurven,**
- **Prüfpläne und Standardarbeitsanweisungen,**
- **Spektren, Chromatogramme und Rechnerausdrucke sowie ggf. Datenträger,**
- **Notizblätter mit wichtigen, auch handschriftlichen, Informationen,**
- **Labortagebücher,**
- **Probeneingangsbücher sowie ein**
- **endgültiger Prüfbericht.**

Die vorgenannten Unterlagen zu archivieren, ist sicherlich kunden- oder auftragsbezogen möglich. Nach erfolgter Archivierung stellt sich allerdings immer wieder die Frage, wie lange diese Unterlagen, insbesondere auch die Originalproben, aufbewahrt werden müssen. Grundsätzlich gibt es hier kein Patentrezept.

Orginalprobematerialien sollten grundsätzlich nur so lange aufbewahrt werden, wie es der Zustand und der Chemismus der Probe erlaubt, sinnvoll Nachuntersuchungen zu fertigen.

Darüber hinaus sollten sich die Probenaufbewahrungszeiten an willkürlichen Vorgaben, zum Beispiel 6 oder 12 Monate orientieren, die mit dem Auftraggeber vereinbart werden, bzw. sich aus eventuell gesetzlich vorgeschriebenen Aufbewahrungsfristen einzelner Anwendungsbereiche, Beispiel Chemikaliengesetz, ableiten.

Zu beachten ist, daß nach abgelaufener Lagerungsfrist die Probenmaterialien unter Berücksichtigung möglicher Gefahrenpotential beinhaltender Inhaltsstoffe ordnungsgemäß im Begleitscheinverfahren entsorgt werden.

Die Archivierung und Aufbewahrung von Dokumenten und prüfungsrelevanten Unterlagen ist sicherlich etwas unproblematischer und beträgt in der Regel, soweit Gesetze keine andere Aufbewahrungsfrist vorschreiben, 10 Jahre.

Zu berücksichtigen ist bei der Aufbewahrung über 10 Jahre, das Spektren oder Chromatogramme auf Normalpapier dokumentiert werden, da Thermopapiere in der Regel nach einigen Jahren bis zur Unkenntlichkeit verblassen.

Nach Ablauf der Aufbewahrungsfrist sind auch die Dokumente ordnungsgemäß zu entsorgen bzw. mindestens durch den Reißwolf zu schicken, da auch Prüfberichte personenbezogene Daten und oftmals rechtlich relevante Fakten enthalten können.

19 Qualitätsaudits
gemäß ISO 10011 Teil1 und 3.1

Die Qualitätsaudits umfassen im wesentlichen drei Bereiche:

- **Interne Qualitätsaudits,**
- **externe Qualitätsaudits,**
- **Zusammenarbeit und Erfahrungsaustausch.**

19.1 Interne Qualitätsaudits

Die internen Qualitätsaudits sind eine sehr interessante und empfehlenswerte Art Qualitätskontrollen im eigenen Haus durchzuführen. Hierbei führt ein im Unternehmen beschäftigter Prüfer Prüfarbeiten durch, die nicht zu seinen ständigen Aufgaben und Prüfgebieten zählen.

Vorteil dieser Vorgehensweise ist, einer im Laufe der Arbeitsjahre aufkommenden Betriebsblindheit vorzubeugen, systematische und andere Routinefehler aufzudecken sowie die Praxistauglichkeit von dokumentierten Arbeitsanweisungen zu prüfen.

19.2 Externe Qualitätsaudits

Externe Qualitätsaudits sind eher eine Ausnahme, führen allerdings bei Anwendung zu ähnlichen Ergebnissen wie die internen.

Bei den externen Qualitätsaudits führen Prüfer dritter Organisationen, die nicht im Unternehmen beschäftigt sind, Prüfarbeiten Ihres ständigen Prüfgebietes durch.

Sicherlich sind externe Qualitätsaudits eine Möglichkeit, das Qualitätsniveau im Labor zu sichern bzw. zu bessern, führen aber in der Regel zu Problemen, da es gerade im privatwirtschaftlichen Bereich zu Konkurrenzanimositäten kommen kann.

19.3 Zusammenarbeit, Erfahrungsaustausch

Eine andere Möglichkeit, Fortschritte im Bereich der Qualitätssicherungsbemühungen zu erzielen, ist die Zusammenarbeit und der Erfahrungsaustausch mit Normungsstellen, Geräteherstellern, Behörden und vergleichbaren befreundeten Institutionen.

Diese Kontakte sind in der Regel fruchtbar und werden auch von den Mitarbeitern gerne gepflegt.

20 Beschwerdeverfahren
gemäß DIN EN 45001 Abs. 5.4.2 und 6.1

Trotz bester und intensivster Qualitätsbemühungen und Qualitätssicherungs-Maßnahmen eines jeden einzelnen, sind Prüffehler niemals vollständig auszuschließen. Daher beschäftigt sich das Qualitätssicherungs-Handbuch in seinem letzten Kapitel mit Maßnahmen zur Bearbeitung von kundenseitigen Beschwerden und Reklamationen.

Die genaue Vorgehensweise muß im Qualitätssicherungs-Handbuch festgelegt werden und im Fall eines Falles auch zur Anwendung kommen.

Sinnvoll ist es, den Kunden bereits vor einer Auftragserteilung das Beschwerdeverfahren zur Kenntnis zu bringen.

Um auch in diesem Bereich dem Kunden die nötige Aufmerksamkeit zu widmen, sollte von vornherein im Unternehmen festgelegt werden, wer für die Annahme und Bearbeitung von Beschwerden zuständig ist. Es ist nicht ratsam, jeden Mitarbeiter im Unternehmen mit dieser Aufgabe zu betrauen, da in den meisten Fällen bereits beim ersten Beschwerdekontakt mit dem Kunden ein gerüttelt Maß an Sachkenntnis erforderlich ist.

Grundsätzlich sollten Kunden Beschwerden in schriftlicher Form vortragen. Sollten Beschwerden telefonisch eingehen, so sind diese durch Niederschrift zu fixieren.

Nach Erfassung der Beschwerde ist diese dem Leiter der Qualitätssicherung zu übergeben. (nicht dem Laborleiter und auch nicht dem verantwortlichen Prüfer sondern dem Leiter der Qualitätssicherung)

Der Leiter der Qualitätsicherung prüft nun gemeinsam mit dem Laborleiter und dem zuständigen Abteilungsleiter an Hand der dokumentierten, prüfungsrelevanten und archivierten Aufzeichnungen, ob die Beschwerde rechtmäßig ist.

Diese Prüfung ist sinnvoll und auch notwendig, da gerade im Bereich diffiziler Umweltprojekte Kunden oftmals keine objektiven Ergebnisanzweiflungen vorbringen, sondern subjektive Vorstellungen und Ergebniswünsche zum Anlaß einer Beschwerde machen.

20.1 Berechtigte Beschwerde

Für den Fall, daß offensichtlich ein Fehler unterlaufen ist, oder auf Grund der Begründung des Kundens eine Beschwerde Berechtigung findet, veranlaßt der Leiter der Qualitätssicherung die Wiederholung der Prüfung, um das angezweifelte Ergebnis zu verifizieren. Sollte es sich nun tatsächlich herausstellen, daß ein Prüffehler vorliegt, muß der Grund für diesen Prüffehler ermittelt werden.

Im Anschluß daran erläßt der Leiter der Qualitätssicherung eine Qualitätssicherungsanweisung, die in Zukunft das Auftreten dieses Fehlers verhindern soll.

Handelt es sich bei dem aufgetretenen Fehler um einen systematischen Fehler oder ähnliches, ist es notwendig, nicht nur den betroffenen Kunden, der die Beschwerde vorgebracht hat, zu befriedigen, sondern es müssen sämtliche falschen Ergebnisse einer betreffenden Prüfperiode eliminiert werden. Es versteht sich von selbst, daß die eventuell hiervon betroffenen anderen Kunden informiert werden und diese unter Angaben der Gründe die berichtigten Ergebnisse ihrer Aufträge übermittelt bekommen.

Einen Fehler aus eigenem Antrieb heraus zu berichtigen, beweist den Mut des Verantwortlichen und zeigt dem Kunden, daß Qualitätssicherung in dem entsprechenden Labor kein Lippenbekenntnis ist, sondern in die Tat umgesetzt wird.

Somit ist ein dokumentiertes Beschwerdeverfahren kein lästiges Qualitätssicherungsanhängsel, sondern aktive Kundenbetreuung.

20.2 Nicht berechtigte Beschwerde

Im Falle der nicht berechtigten Beschwerde sollte die Beschwerde vom Leiter der Qualitätssicherung mit Begründung und unter Beweisführung der Richtigkeit der beanstandeten Prüfung abgelehnt werden.

20.3 Schiedsverfahren

Für den Fall, daß trotz alledem keine Einigung mit dem Kunden, ob berechtigt oder unberechtigt, gefunden werden kann, sollte eine Schiedsanalyse durch ein drittes, neutrales Prüflaboratorium durchgeführt werden.

In der Regel ist es so, daß im Falle der berechtigten Beschwerde das Prüflabor die Kosten für die Drittuntersuchung übernimmt und im Falle der Nichtberechtigung der Kunde.

Um durch ein drittes Labor keine weiteren Problemen aufkommen zu lassen, sollte zwischen dem neutralen, dritten Labor, dem Kunden und dem betroffenen Prüflabor die Verfahrensweise der Überprüfung einvernehmlich geregelt werden.

Insbesondere sollten die erwarteten Bestimmungs- und Nachweisgrenzen sowie die Standardabweichungen und andere Faktoren festgelegt werden, damit das neutrale Ergebnis auch tatsächlich von beiden Parteien anerkannt wird.

21 Anhänge zum Qualitätssicherungs-Handbuch

Auf Grund der Komplexität einzelner Beschreibungen und dem Umfang einiger, aus den Kapiteln 1 - 20 resultierenden Dokumentationen sollten diese nicht in den Textteilen der Kapitel, sondern als Anhänge dem Qualitätssicherungs-Handbuch beigefügt werden.

Im übrigen sind die Aussagen in den Kapiteln meist weniger oft zu überarbeiten als die Textteile der Anhänge. Um hier, da der Dokumentationsaufwand schon groß genug ist, möglichst rasch Änderungen und Ergänzungen durchführen zu können bieten sich Anhänge ebenfalls an.

22 Anhang A
Unternehmensgrundsätze

Preise, Leistungsfähigkeit und Produktpalette eines Unternehmens sind eine Sache, Mitarbeiter und Kunden über die Unternehmensziele und -philosophie zu informieren eine andere. Gerade letzteres gewinnt im Bereich des Warenhandels, der Produktion und der Dienstleistungen immer mehr an Bedeutung. Auftraggeber, seien es Behörden oder privatwirtschaftlich orientierte Institutionen, wollen mehr über einen Vertrags- oder Handelspartner wissen, als es ein Leistungsverzeichnis ausdrückt.

Aus diesem Grunde sollte ein jedes Unternehmen im Rahmen seines Qualitätssicherungs - Handbuches, welches in Auszügen auch Außenstehenden übergeben werden kann, die Möglichkeit nutzen, sich auch mental zu präsentieren.

Wichtigste Themenkreise sind hierbei die Qualitätssicherung und der Umweltschutz. Daher sollten die folgenden Punkte in den Unternehmensgrundsätzen berücksichtigt werden:

- **Qualitätssicherung,**
- **Umweltschutz,**
- **Vermeidung, Reduzierung, Recycling, Aufbereitung und Entsorgung von Abfall,**
- **Einhaltung von Gesetzen und Verordnungen,**
- **Umweltrisikosenkungen,**
- **Forschung und Entwicklung,**
- **Öffentlichkeitsarbeit und Aufklärung,**
- **Mitarbeit in Qualitätssicherungs- und Umweltorganisationen sowie die**
- **Bewertung der Qualitätssicherungs- und Umweltschutz - Maßnahmen.**

Falls Unternehmensgrundsätze im Qualitätssicherungs-Handbuch aufgenommen werden, sollten die Grundsätze auch praktiziert werden, denn diese Grundsätze repräsentieren keine abstrakten Wünsche, sondern Ziele, die das Unternehmen in die Praxis umsetzt bzw. erarbeiten möchte.

23 Anhang B
Arbeitsvertrag, Stellenbeschreibung, Arbeitsplatzbeschreibung

Um im Innen- und Außenverhältnis eines Unternehmens Unparteilichkeit, Stillschweigen und Vertraulichkeit zu dokumentieren, den Umfang von Aufgaben und Verantwortungsbereiche mit entsprechenden Kompetenzen klar darzulegen sowie Tätigkeiten eines Arbeitsplatzes darzustellen, sind ein Musterarbeitsvertrag sowie dezidierte Stellen- und Arbeitsplatzbeschreibungen erforderlich.

24 Anhang C
Übersicht der Prüfungen, Prüfverfahren und Bestimmungsgrenzen

Hier sollten alle Prüfungen aufgeführt werden, die routienemäßig im Unternehmen zur Anwendung gelangen. Neben der Nennung der Prüfung sollte das genaue Prüfverfahren (z.B. eine DIN - Norm) die Bestimmungsgrenze, die Maßeinheit sowie die benötigte Probenmenge für die Durchführung einer solchen Bestimmung getrennt nach den Arbeitsgebieten (Wasser, Boden etc.) aufgelistet werden.

Im Rahmen der Bestimmungsgrenzen sollten nicht die theoretischen Grenzen eines instrumentell-analytischen Gerätesystems aufgelistet werden, sondern die, die in der Praxis für die entsprechende Matrix auch tatsächlich erreichbar sind.

25 Anhang D
Arbeitsanweisungen sowie
Betriebsanweisungen gemäß § 20
Gefahrstoffverordnung

Jeder unter Anhang C genannten Prüfung liegt ein Prüfverfahren zugrunde. Diese Prüfverfahren müssen im Rahmen der Arbeitsanweisungen dezidiert erläutert werden, damit jeder Labormitarbeiter in die Lage versetzt wird, eine Prüfung an Hand eines solchen „Kochrezeptes" auszuführen.

Neben den allgemeinen Angaben zum Verfahren, den Störeinflüssen, benötigten Gerätschaften und Chemikalien und der Durchführung der Prüfung gehören Kontrollmechanismen, Auswertung und Angabe der Ergebnisse ebenfalls zum Dokumentationsumfang. Gleichzeitig sollte man in diese Arbeitsanweisung die gesetzlich vorgeschriebene Betriebsanweisung gemäß § 20 Gefahrstoffverordnung in der im Chemikaliengesetz verlangten Art und Weise dokumentieren.

26 Anhang E
Verfahrenskenngrößen

Jedes unter Anhang C genannte und unter Anhang D detailliert beschriebene Prüfverfahren beinhaltet Verfahrenskenngrößen.

Die Verfahrenskenngrößen umreißen den Arbeits- und Vertrauensbereich des Prüfverfahrens.

Hierzu werden in der Regel aus zehn äquidistanten Bezugslösungen sowie einer Leerwertlösung die dazugehörigen Informationswerte ermittelt und aus den Wertepaaren die Varianzhomogenität sowie die Linearität der Kalibrierfunktion überprüft.

Mit Hilfe der Wertepaare, die sich aus dem endgültigen Arbeitsbereich ableiten, werden sodann die Verfahrenskenngrößen ermittelt.

Die Ermittlung der Verfahrenskenngrößen wird regelmäßig in festgelegten Zeitintervallen durchgeführt. Die Ermittlung der Verfahrenskenngrößen muß matrixbezogen für jedes Prüfverfahren beschrieben werden.

27 Anhang F
Allgemeine Betriebsanweisungen, Laborordnung und Alarmplan

Grundsätzlich sollten einige wesentliche Dinge in einem Labor schriftlich, in Form von Betriebsanweisungen, geregelt werden, und die entsprechenden Mitarbeiter sollten durch Unterschrift, den Empfang dieser Betriebsanweisung bestätigen mit der Verpflichtung, diese in der entsprechenden Form auch anzuwenden.

Folgende Themen sollten in Form von Betriebsanweisungen behandelt werden:

- **Übersicht wichtiger Gesetze und Verordnungen,**
- **Informations- und Unterweisungspflicht,**
- **Arbeitssicherheit,**
- **Unfälle,**
- **Brandschutz,**
- **Ordnung, Sauberkeit sowie Pflege von Laborinventar,**
- **Kennzeichnung und Lagerung von und Umgang mit Chemikalien sowie**
- **gefährlichen und unbekannten Stoffen,**
- **Schutzkleidung,**
- **Speisen und Getränke sowie Rauchen,**
- **Arbeits- und Pausenzeitregelung, Anwesenheit,**
- **Sicherung der Arbeitsplätze nach Dienstschluß,**
- **Tür- und Schließanlagen,**
- **Energiekosten und Kosten für Labormaterial,**
- **Qualitätssicherung,**
- **Strahlenschutzanweisung,**
- **Warenannahme,**
- **Organisation der Probenannahme, -erfassung, -umlauf, Terminüberwachung und Prüfberichtserstellung,**
- **Organisation der Abwasser und Abfallentsorgung,**
- **Entsorgung von Abwässern mitAbwasserentsorgungsplan,**
- **Entsorgung von Abfällen mit Abfallentsorgungsplan für allgemeine und laborspezifische Abfälle sowie**
- **Probenahme- und Betriebsfahrzeuge sowie**
- **Alarmplan.**

28 Anhang G
Inventarliste der Prüfgerätschaften

Die Inventarliste der Prüfgerätschaften sollte im wesentlichen die instrumentell - analytischen Systeme umfassen. Glas- und Kleingeräte, die zum allgemeinen Laboralltag gehören, sind zwar ebenfalls qualitätszusichern, (Überprüfung der angegebenen Inhalte eines Meßkolbens, Meßzylinder etc.) müssen allerdings nicht in der Form im Qualitätssicherungs-Handbuch inventarisiert werden wie es die instrumentell - analytischen Systeme erfordern.

Ein Inventarverzeichnis ist mit folgenden Angaben zu dokumentieren:

- **Laborbereich,**
- **Abteilung,**
- **Meßplatz,**
- **Verantwortlicher Abteilungsleiter,**
- **Verantwortlicher Prüfer,**
- **Inventarübersicht mit Gerätebezeichnung sowie**
  - **Hersteller,**
  - **Typenbezeichnung,**
  - **Seriennummer und**
  - **Inbetriebnahmedatum.**

29 Anhang H
Kalibrierung, Wartung und Reparatur der Prüfmittel

29.1 Kalibrierung

Jedem unter Anhang G genannten Prüfgerät liegt eine spezifische Prüfmethode zugrunde. Entsprechend dieser Prüfmethode sind Kalibrierungsarbeiten durchzuführen.

Da in der chemischen Analytik in der Regel relative Bestimmungsverfahren eingesetzt werden, müssen die hierfür eingesetzten Prüfgeräte kalibriert werden. Die Art der Kalibration hängt ab von möglichen Störungen, Linearität sowie Langzeitstabilität des Prüfverfahrens. Daher müssen im folgenden die anzuwendenden Kalibrationsverfahren methodenorientiert aufgeführt werden. Einzelheiten hierzu ergeben sich im wesentlichen auch aus den jeweiligen Arbeitsanweisungen.

29.2 Wartung und Reparatur der Prüfmittel

Alle Prüfmittel sollten im Störungsfall ausschließlich vom Fachpersonal repariert werden. Hierüber müssen Reparatur und Wartungsberichte erstellt und Meßplatzbezogen als Bestandteil dieser Anlage abgelegt werden.

Reparatur, Wartungs- und Pflegearbeit sind regelmäßig bzw. nach Erfordernis durchzuführen. Um eine systematische Wartung und Reparatur der Prüfmittel zu gewährleisten, sollten die wesentlichen Prüfmittel und Arbeitsgeräte den verantwortlichen Mitarbeitern namentlich zugeordnet werden. Auf Grund dieser persönlichen Zuordnung können jederzeit Konsequenzen für Schäden an Prüfgerätschaften, die auf mangelnde Wartung, Pflege oder Sauberkeit zurückzuführen sind, für die Verantwortlichen gezogen werden.

30 Anhang I
Externe Qualitätssicherung (Ringversuche)

Im Rahmen von externen Qualitätssicherungs-Maßnahmen nimmt ein Labor oftmals an Ringversuchen teil. Die entsprechenden **erfolgreichen** Ringversuchsteilnahmen sollten im Anhang I dokumentiert werden.

31 Anhang J
Sicherheitsdatenblätter

Sicherheitsdatenblätter der im Unternehmen verwendeten Chemikalien sollten im Bereich dieses Anhangs J abgelegt werden. Neben den Sicherheitsdatenblättern sollte der Anhang J auch die Gesetzestexte der Gefahrstoff-Verordnung sowie des Chemikaliengesetzes enthalten.

Berücksichtigt werden sollte bei der Anfertigung bzw. auch der Archivierung der Sicherheitsdatenblätter, daß die dort enthaltenen Angaben sich auf den heutigen Stand der Kenntnis stützen und dazu dienen, ein Produkt im Hinblick auf die zu treffenden Sicherheitsvorkehrungen zu beschreiben. Sie stellen in der Regel keine Zusicherung von Eigenschaften des beschriebenen Produkts dar. Aus diesem Grund können die Sicherheitsdatenblätter nicht zur Spezifikation von benötigten Chemikalien im Rahmen der Arbeitsanweisungen eingesetzt werden.

32 Schlußbemerkung

Nachdem nun ein Qualitätssicherungs-System im Unternehmen eingeführt und dieses in einem Qualitätssicherungs-Handbuch dokumentiert ist, beginnt der schon zitierte weitere „Lebensabschnitt" der Qualitätssicherung

- **die fortlaufende Aktualisierung und Überarbeitung des Qualitätssicherungs-Handbuchs.**

Ausschließlich zeitnahe Aktualisierungen halten ein Qualitätssicherungs - System „am Leben" und führen zur konsequenten Erhaltung der optimalen Qualitätsstandards eines Unternehmens.

33 Einsatz von externen Beratern im Bereich der Qualitätssicherung

Falls Sie das Qualitätsniveau Ihres Labors verbessern wollen oder müssen, gilt es zunächst einmal sicherzustellen, daß Ihr angestrebtes Qualitätssicherungs-System Ihren Bedürfnissen, Ihrem Arbeitsgebiet und der Struktur Ihres Labors entspricht. Dieses setzt jedoch fundierte Kenntnisse im Bereich der Qualitätssicherungs-Systeme und der Interpretation der DIN EN 45001 voraus.

Da die Einführung eines Qualitätssicherungs-Systems somit mit erhöhten Personal- und Zeitinvestitionen verbunden ist und oftmals große Unsicherheit über Inhalt und Umfang des Dokumentationsaufwandes bestehen sowie darüber hinaus diese personellen Ressourcen in vielen Fällen nicht zur Verfügung stehen, ist der zügige Aufbau eines Qualitätssicherungs-Systems zu akzeptablen Preisen oftmals nicht möglich. Daher bietet es sich an, die Unterstützung externer Beratungsstellen zur Erstellung der individuellen Qualitätssicherungsunterlagen in Anspruch zu nehmen.

Der Einsatz externer Qualitätssicherungs-Berater hat gerade für kleinere und mittlere Institutionen entscheidende Vorteile:

- **schnellere Erarbeitung und Einführung des Qualitätssicherungs-Systems,**
- **einwandfreie Dokumentation des Qualitätssicherungs-Systems in Form individueller Qualitätssicherungs-Handbücher,**
- **Reduzierung des internen Einarbeitungs- und Kostenaufwandes,**
- **zielsichere, optimale und individuelle Umsetzung der Qualitätssicherungs-Maßnahmen im eigenen Unternehmen,**
- **unabhängige Beratung bei der Auswahl von Akkreditierungs- und Zulassungsstellen,**
- **Keine Fixkostenbindung.**

Das wichtigste Ziel einer externen Beratung ist somit ein maßgeschneidertes individuell auf den Betrieb zugeschnittenes Qualitätssicherungs-System, welches **der Art, der Bedeutung und dem Umfang der durchzuführenden Arbeiten angemessen ist.**

33.1 Übersicht externer Berater in der Qualitätssicherung

Dekra, Essen,

eretec GmbH Institut für chemische Analytik, Gummersbach,

Frey & Partner, Gelnhausen,

Unternehmensberatung Schneegans & Partner, Wiehl sowie der

TÜV Rheinland, Köln.

Teil D Das Qualitätssicherungs-Handbuch gemäß DIN EN 45001

Checklisten und Mustererfassungsbögen

QUALITÄTSSICHERUNGS - HANDBUCH

MUSTERMANN GMBH

MUSTERSTADT

Nr.: 1

Muster - Erfassungsbögen

<table>
<tr><td colspan="2">QUALITÄTSSICHERUNGSHANDBUCH
der Mustermann GmbH</td></tr>
<tr><td>Datum: 24.02.1995</td><td>Seite: 1 von 1</td></tr>
<tr><td colspan="2">Kontrollkarte für das Qualitätssicherungs - Handbuch</td></tr>
<tr><td colspan="2">Nr.: 1</td></tr>
</table>

Letzte Ausgabe	Grund der Änderung	Datum	Unter-schrift
01 / 94	Änderung des Prüfberichtlayout Kapitel 17	24.02.1995	

QUALITÄTSSICHERUNGSHANDBUCH
der Mustermann GmbH

Ausgabe:	1-0	**Datum:** 27.02.1995
Kapitel:	0	**Seite:** 1 von 2
Kapitelinhalt:	Inhaltsverzeichnis	

1. Darstellung des Unternehmens
2. Qualitätspolitik
3. Organisation und Management
4. Organigramm
5. Organisation der Qualitätssicherung
6. Mitarbeiter-Qualifikation, Eignung und Weiterbildung
7. Geschäftsordnung
8. Geschäftsverteilungsplan
9. Unterschriftsordnung
10. Verwaltung, Verfügbarkeit und Überarbeitung des Qualitätssiche-
    rungs-Handbuches
11. Prüf- und Betriebsanweisungen
12. Allgemeine technische Voraussetzungen für Prüfarbeiten und deren
    Kontrolle
13. Allgemeine Maßnahmen zur Analytischen Qualitätssicherung
    (Kontrollkarten, zu überwachende Geräte und Ringversuche)
14. Fehlerhafte Prüfmittel
15. Probenregistrierung, -umlauf und -vorbereitung
16. Prüfungsablauf
17. Prüfberichte
18. Aufzeichnung und Archivierung
19. Zusammenarbeit, Informationsrückfluß, Qualitätsaudits und
    Korrekturmaßnahmen
20. Beschwerdeverfahren

<table>
<tr><td colspan="3">QUALITÄTSSICHERUNGSHANDBUCH
der Mustermann GmbH</td></tr>
<tr><td>Ausgabe:</td><td>1-0</td><td>Datum: 24.02.1995</td></tr>
<tr><td>Kapitel:</td><td>0</td><td>Seite: 2 von 2</td></tr>
<tr><td>Kapitelinhalt:</td><td colspan="2">Inhaltsverzeichnis</td></tr>
</table>

QUALITÄTSSICHERUNGSHANDBUCH
der Mustermann GmbH

Ausgabe:	1-0	**Datum:**	24.02.1995
Kapitel:	1	**Seite:**	1 von 1
Kapitelinhalt:	Darstellung des Unternehmens		

Hier sollten Sie darstellen:

Name des Unternehmens und Rechtsform

Anschrift und Kommunikationsmöglichkeiten

Gesellschafter

Geschäftsleitung

Bankverbindung

Geschäfts- und Tätigkeitsbereiche

Hauptarbeits- und Prüfgebiete

Akkreditierungen, Zulassungen, Bekanntgaben

Mitgliedschaft in Organisationen und Ausschüssen

Gründungsdaten

Chronologische Unternehmensgeschichte

QUALITÄTSSICHERUNGSHANDBUCH
der Mustermann GmbH

Ausgabe:	1-0	**Datum:**	24.02.1995
Kapitel:	2	**Seite:**	1 von 1
Kapitelinhalt:	Qualitätspolitik		

Hier sollten Sie darstellen:

Arbeitsbereiche, die der Qualitätssicherung unterliegen

Hauptauftraggeberbranchen

Anzahl und Qualifikation der Mitarbeiter

Schulungs-, Weiterbildungs-, Fortbildungsmaßnahmen der Mitarbeiter

Neutralität, Unabhängigkeit des Unternehmens und Vertraulichkeit der Mitarbeiter

Gerätetechnische Ausstattung, Zuverlässigkeit und Kalibration der Prüfgerätschaften

Verwendung von Prüfnormen und Arbeitsanweisungen

Interne Qualitätssicherung, Qualitätskontrollsysteme

Externe Qualitätssicherung

<table>
<tr><td colspan="2">QUALITÄTSSICHERUNGSHANDBUCH
der Mustermann GmbH</td></tr>
<tr><td>Ausgabe: 1-0</td><td>Datum: 24.02.1995</td></tr>
<tr><td>Kapitel: 3</td><td>Seite: 1 von 1</td></tr>
<tr><td colspan="2">Kapitelinhalt: Organisation und Management</td></tr>
</table>

Hier sollten Sie folgende Positionen mit Namen für das technische Management aufführen:

Technischer Geschäftsführer

Technischer Leiter

Institutsleiter

Laborleiter

Leiter Qualitätssicherung

Strahlenschutzbeauftragter

Sicherheitsbeauftragter

Abfall-, Gewässerschutz-, Umwelt-, Störfallbeauftragte

incl. deren Vertretungen

QUALITÄTSSICHERUNGSHANDBUCH
der Mustermann GmbH

Ausgabe:	1-0	Datum:	24.02.1995
Kapitel:	4	Seite:	1 von 2
Kapitelinhalt:	Organigramm		

Hier sollten Sie die La023 überschrift

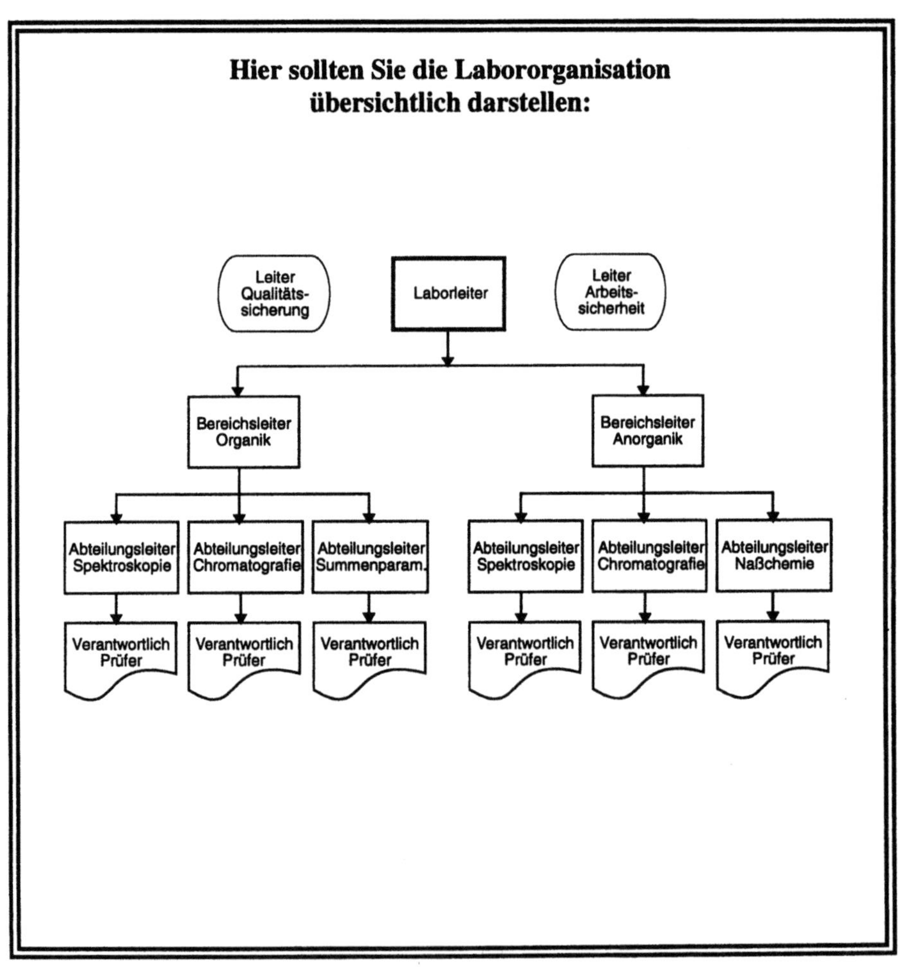

QUALITÄTSSICHERUNGSHANDBUCH
der Mustermann GmbH

Ausgabe:	1-0	**Datum:** 24.02.1995
Kapitel:	4	**Seite:** 2 von 2
Kapitelinhalt:	Organigramm	

**Hier sollten Sie in einem Labororganigramm
übersichtlich Abteilungen und Mitarbeiter abbilden:**

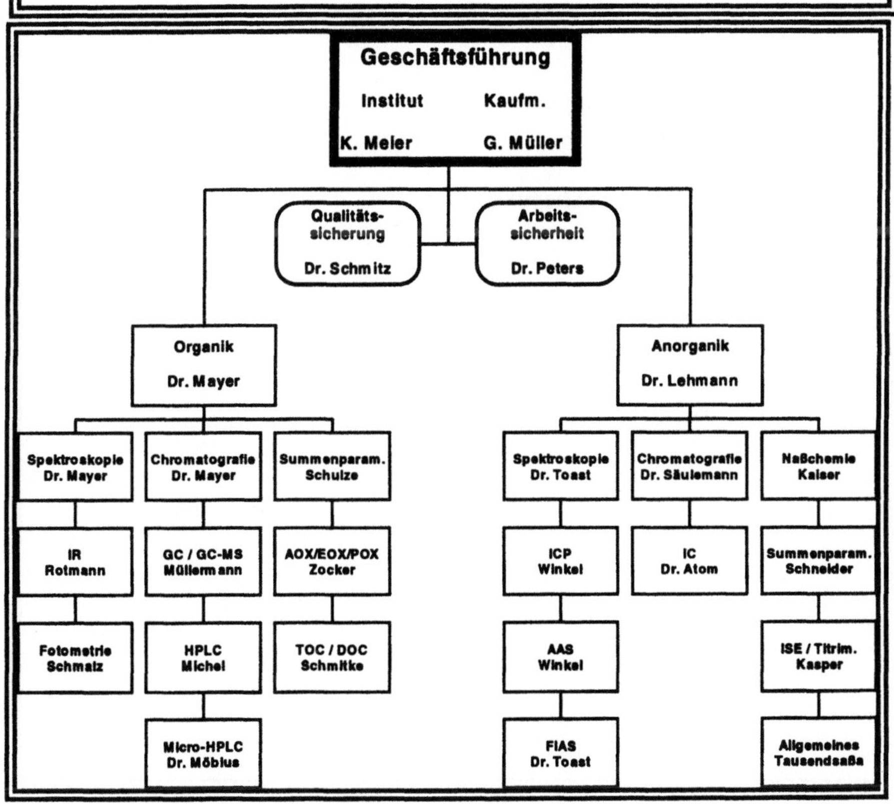

<table>
<tr><td colspan="2" align="center">QUALITÄTSSICHERUNGSHANDBUCH
der Mustermann GmbH</td></tr>
<tr><td>Ausgabe: 1-0</td><td>Datum: 24.02.1995</td></tr>
<tr><td>Kapitel: 5</td><td>Seite: 1 von 1</td></tr>
<tr><td colspan="2">Kapitelinhalt: Organisation der Qualitätssicherung</td></tr>
</table>

**Hier sollten Sie folgende Positionen
mit Namen aufführen:**

Leiter Qualitätssicherung

Stellv. Leiter Qualitätssicherung

QUALITÄTSSICHERUNGSHANDBUCH
der Mustermann GmbH

Ausgabe:	1-0	Datum:	24.02.1995
Kapitel:	6	Seite:	1 von 1
Kapitelinhalt:	Mitarbeiter, Qualifikation, Eignung und Weiterbildung		

Hier sollten Sie ein Verzeichnis der hauptberuflich, wissenschaftlich tätigen Mitarbeiter mit Angabe folgender Einzelheiten anlegen:

Laborbereich

Name und Berufsbezeichnung des Verantwortlichen

Position des Verantwortlichen

Funktion des Verantwortlichen

Beruflicher Lebenslauf und Fortbildungsmaßnahmen

Zuständigkeitsbereich

Alle qualitätssicherungsrelevanten Positionen müssen im Unternehmen besetzt und dokumentiert werden.
Personalunion ist zulässig unter Ausschluß von Interessenskonflikten

<table>
<tr><td colspan="2" align="center">QUALITÄTSSICHERUNGSHANDBUCH
der Mustermann GmbH</td></tr>
<tr><td>Ausgabe: 1-0</td><td>Datum: 24.02.1995</td></tr>
<tr><td>Kapitel: 7</td><td>Seite: 1 von 5</td></tr>
<tr><td colspan="2">Kapitelinhalt: Geschäftsordnung</td></tr>
</table>

Hier sollten Sie folgende Angaben für folgende Positionen im Unternehmen incl. deren Stellvertreter machen:

Position im Unternehmen

-Technischer Leiter
-Kaufmännischer Leiter
-Laborleiter
-Leiter Qualitätssicherung
-Sicherheitsbeauftragter
-Alle verantwortlichen Prüfer

Notwendige Angaben

-Position
-Funktion
-Name
-Präzise Tätigkeitsbeschreibung
-Präzise Beschreibung und Abgrenzung der Verantwortungsbereiche

QUALITÄTSSICHERUNGSHANDBUCH
der Mustermann GmbH

Ausgabe:	1-0	Datum:	24.02.1995
Kapitel:	7	Seite:	2 von 5
Kapitelinhalt:	Geschäftsordnung		

Beginnen Sie mit folgender zusammenfassender Aussage:

Sämtliche Arbeiten im Unternehmen sind so organisiert, daß jeder Mitarbeiter sowohl den Umfang als auch die Grenzen seiner Kompetenzen kennt.

Beschreiben Sie für jeden Geschäftsbereich beginnend mit der Geschäftsleitung und endend mit den verantwortlichen Prüfern die zugehörigen Aufgaben. Beispielhaft werden im folgenden Aufgaben genannt, die Sie entsprechend Ihrer Unternehmensstruktur zuordnen können.

Kaufmännische Geschäftsleitung
- Kaufmännische Belange des Unternehmens insbesondere für die Kontoführung, Bilanzierung, Personalangelegenheiten, Aquisition sowie Vertragsangelegenheiten

Technische Geschäftsleitung
- Festlegung der technischen Angebotspalette des Unternehmens
- Entscheidung welche Prüfungen im Institut durchgeführt werden
- Entscheidung welche Prüfmethoden im Institut eingesetzt werden
- Wahrung des Standes der Technik in den Laboratorien

Laborleitung
- Technische Durchführbarkeit von Prüfungen
- Durchsetzung der Qualitätssicherungsmaßnahmen
- Einhaltung geltender Gesetze / Vorschriften in den Laboratorien

<table>
<tr><td colspan="2">QUALITÄTSSICHERUNGSHANDBUCH
der Mustermann GmbH</td></tr>
<tr><td>Ausgabe: 1-0</td><td>Datum: 24.02.1995</td></tr>
<tr><td>Kapitel: 7</td><td>Seite: 3 von 5</td></tr>
<tr><td colspan="2">Kapitelinhalt: Geschäftsordnung</td></tr>
</table>

- Einhaltung von Umweltschutzmaßnahmen
- Erstellung und Einhaltung von Abfall- / Abwasserentsorgungsplänen
- Einhaltung der Unternehmensgrundsätze
- Erstellung und Einhaltung von Betriebsanweisungen
- Festlegung und Einhaltung von Vertragsterminen
- Ordnungs- und fristgemäße Durchführung der Prüfungen
- Arbeitsorganisation und Personaleinsatz
- Formulierung und Aktualisierung von Arbeitsanweisungen
- Fachliche Weiterbildung der Mitarbeiter
- Einhaltung der Arbeitssicherheitsvorschriften
- Richtige Erfassung und Verarbeitung der Prüfwerte
- Kontrolle der Prüfberichte

Leitung Qualitätssicherung
- Einhaltung der Qualitätspolitik des Unternehmens
- Formulierung aller grundlegenden Arbeitsanweisungen zur Qualitätssicherung
- Einhaltung aller Arbeitsanweisungen zur Qualitätssicherung durch Audits und deren Dokumentationen
- Aufstellung und Einhaltung der zu den Prüfverfahren gehörenden Prüfpläne
- Verwaltung der an die Eichämter angeschlossenen Normale des Unternehmens und deren Benutzung in den Laboratorien
- Einhaltung der Termine zur Eichung und Kalibrierung der vorhandenen eichpflichtigen und kalibrierfähigen Geräte und deren Dokumentation

QUALITÄTSSICHERUNGSHANDBUCH
der Mustermann GmbH

Ausgabe:	1-0	Datum:	24.02.1995
Kapitel:	7	Seite:	4 von 5
Kapitelinhalt:	Geschäftsordnung		

Leitung Sicherheit
- Einhaltung der Gesetze und Vorschriften hinsichtlich der Arbeitssicherheit
- Einhaltung der Arbeitssicherheitsmaßnahmen
- Einhaltung der Arbeitsschutzmaßnahmen
- Einhaltung der Unfallverhütungsmaßnahmen
- Erstellung und Einhaltung von Flucht- und Rettungsplänen
- Bearbeitung von Arbeitsunfällen
- Erstellung und Einhaltung von Betriebsanweisungen gem. § 20 GefStoffV
- Erstellung und Einhaltung von Sicherheitsanweisungen
- Erstellung und Einhaltung von Sicherheitsdatenblätter
- Unterweisung und Belehrung der Mitarbeiter hinsichtlich der Arbeitssicherheit und der Unfallverhütungsmaßnahmen

Verantworliche Prüfer
Die verantwortlichen Prüfer sind für die ordnungsgemäße Durchführung der Ihnen zugewiesenen Prüfverfahren und für die einwandfreie Funktion der Prüfgeräte verantwortlich. Sie haben:
- vor der Ausführung einer Prüfung sicherzustellen, daß alle zur Prüfung gehörenden Arbeitsanweisungen vorliegen
- vor und nach Ausführung einer Prüfung die Funktionstüchtigkeit des Prüfmittels zu bestätigen und sich zu versichern, daß die für die Prüfung zu benutzenden Prüfmittel geeicht oder kalibriert sind
- einen vorläufigen Prüfbericht über die durchgeführten Messungen anzufertigen

<table>
<tr><td colspan="2" align="center">QUALITÄTSSICHERUNGSHANDBUCH
der Mustermann GmbH</td></tr>
<tr><td>Ausgabe: 1-0</td><td>Datum: 24.02.1995</td></tr>
<tr><td>Kapitel: 7</td><td>Seite: 5 von 5</td></tr>
<tr><td colspan="2">Kapitelinhalt: Geschäftsordnung</td></tr>
</table>

- gemeinsam mit dem jeweiligen Bereichsleiter auf Wunsch des Auftraggebers diesem Prüfergebnisse darzulegen und zu erläutern
- eventuell durch die Laborleitung zugeordnete andere Prüfer in die Prüfung einzuweisen
- gegebenenfalls auf Anordnung der Laborleitung sich mit anderen Prüfverfahren vertraut zu machen und nach entsprechender Einweisung diese Prüfungen durchzuführen

QUALITÄTSSICHERUNGSHANDBUCH
der Mustermann GmbH

Ausgabe:	1-0	Datum:	24.02.1995
Kapitel:	8	Seite:	1 von 2
Kapitelinhalt:	Geschäftsverteilungsplan		

Im Rahmen des GVP sollten Sie unter Nennung der Position folgende Angaben erläutern:

Beschaffung von Prüfaufträgen

Angebotsabwicklung

Prüfung der Realisierbarkeit von Prüfaufträgen

Annahme von Prüfaufträgen

Abwicklung von Prüfaufträgen

Erteilung von Unteraufträgen

Beschaffung von Prüfgeräten, und Verbrauchsmaterialien

Inbetriebnahme von Prüfgeräten

Funktionskontrolle und Wartung von Prüfgeräten

QUALITÄTSSICHERUNGSHANDBUCH
der Mustermann GmbH

Ausgabe:	1-0	**Datum:** 24.02.1995
Kapitel:	8	**Seite:** 2 von 2
Kapitelinhalt:	Geschäftsverteilungsplan	

Bei der Unterauftragsvergabe sollten Sie
folgende Punkte berücksichtigen und erläutern:

Grundsätzlich sollen alle Prüfungen mit eigenem Personal und Gerät ausgeführt werden.

Die Vergabe von Unteraufträgen ist nur mit Zustimmung des Auftraggebers möglich.

Grundsätzlich erfolgt die Vergabe von Unteraufträgen nur an Institutionen, die ein Qualitätssicherungss-System gemäß DIN EN 45 001 betreiben und die Prüfungen selber und in der Routine durchführen.

Der Leiter der Qualitätssicherung hat eine Einschätzung der Leistungsfähigkeit des Unterauftragnehmers, wenn möglich anhand dessen Qualitätssicherungs-Handbuchs unter Berücksichtigung des Qualitätssicherungs-Systems, der Qualifikation des Personals, der Prüfmittel und der Prüfverfahren zu geben.

Teilprüfungen, die von Unterauftragnehmern durchgeführt wurden, werden im Prüfbericht gekennzeichnet.

QUALITÄTSSICHERUNGSHANDBUCH
der Mustermann GmbH

Ausgabe:	1-0	Datum: 24.02.1995
Kapitel:	9	Seite: 1 von 2

Kapitelinhalt: Unterschriftsordnung

Hier sollten Sie für folgende Positionen incl. deren Vertretungen folgende Angaben machen:

Position
-Technischer Geschäftsführer
-Technischer Leiter
-Institutsleiter
-Leiter Qualitätssicherung
-Laborleiter
-Sicherheitsbeauftragter

Angaben
-Name
-Unterschrift
-Verantwortlich für - gemäß GVP

QUALITÄTSSICHERUNGSHANDBUCH
der Mustermann GmbH

Ausgabe:	1-0	**Datum:**	24.02.1995
Kapitel:	9	**Seite:**	2 von 2
Kapitelinhalt:	Unterschriftsordnung		

Geschäftsleitung...
(Name)

Verantwortlich für : ....
(entsprechend der Geschäftsordnung)

Unterschrift...

Laborleiter..
(Name)

Verantwortlich für : ....
(entsprechend der Geschäftsordnung)

Unterschrift...

Leiter Qualitätssicherung...
(Name)

Verantwortlich für : ....
(entsprechend der Geschäftsordnung)

Unterschrift...

Leiter Arbeitssicherheit..
(Name)

Verantwortlich für : ....
(entsprechend der Geschäftsordnung)

Unterschrift...

QUALITÄTSSICHERUNGSHANDBUCH
der Mustermann GmbH

Ausgabe:	1-0	**Datum:**	24.02.1995
Kapitel:	10	**Seite:**	1 von 1
Kapitelinhalt:	Verwaltung, Verfügbarkeit und Überarbeitung des Qualitätssicherungs-Handbuchs		

Hier sollten Sie beschreiben:

Wieviele Exemplare des QS-Handbuches existieren ?

Wo und wie werden diese aufbewahrt ?

Wie ist die Verwaltung und Aktualisierung des Handbuches geregelt ?

Empfangsbestätigung für die Handbücher

Versicherung, daß Mutterpausen unter Verschluß aufbewahrt werden

Bestätigung des verantwortlichen QS - Leiters, daß das Qualitätssicherungs-Handbuch ständigt geprüft, überarbeitet und aktuallisiert wird

<table>
<tr><td colspan="2" align="center">QUALITÄTSSICHERUNGSHANDBUCH
der Mustermann GmbH</td></tr>
<tr><td>Ausgabe: 1-0</td><td>Datum: 24.02.1995</td></tr>
<tr><td>Kapitel: 11</td><td>Seite: 1 von 3</td></tr>
<tr><td colspan="2">Kapitelinhalt: Prüf- und Betriebsanweisungen</td></tr>
</table>

Hier sollten Sie folgende Angaben machen:

1 Prüfanweisungen

-Listung aller vorhandenen Prüfverfahren

-Hinweis auf entsprechende Standard-Arbeitsanweisungen

-Normenzitate (DIN-, DEV-, VDI-Verfahren)

-Hinweis auf Methodensammlungen

2 Betriebsanweisungen

-Spezifische Betriebsanweisungen zu Rechtsvorschriften, Arbeitssicherheit, Umweltschutz, allgemeine Betriebsangelegenheiten

QUALITÄTSSICHERUNGSHANDBUCH
der Mustermann GmbH

Ausgabe:	1-0	Datum:	24.02.1995
Kapitel:	11	Seite:	2 von 3
Kapitelinhalt:	Prüf- und Betriebsanweisungen		

3 Arbeitsanweisungen, Angaben je Prüfverfahren

-Allgemeine Angaben zum Prüfverfahren und Bezeichnung

-Anwendungsbereich

-Verfahrensgrundlagen

-Störeinflüsse

-Notwendige Gerätschaften

-Chemikalien

-Kalibrierung

-Durchführung der Prüfung

-Kontrollmechanismen

-Auswertung

-Angabe der Prüfergebnisse

-Bestimmungs-, Nachweisgrenzen

-Verfahrenskenndaten

QUALITÄTSSICHERUNGSHANDBUCH
der Mustermann GmbH

Ausgabe:	1-0	**Datum:**	24.02.1995
Kapitel:	11	**Seite:**	3 von 3

Kapitelinhalt: Prüf- und Betriebsanweisungen

4   Sicherheitsanweisungen gemäß § 20 GefStoffV

Angaben je Gefahrstoff:

- **Beschreibung der Notwendigkeit und Anwendung von Sicherheitsmaßnahmen zum Schutz des Prüfers vor, während und nach einer Prüfung**

- **Gefahrstoffbezeichnung**

- **Gefahrenquellen**

- **Gefahren für Mensch und Umwelt**

- **Schutzmaßnahmen und Verhaltensmaßregeln**

- **Verhalten im Gefahrenfall**

- **Erste Hilfe**

- **Sachgerechte Entsorgung**

QUALITÄTSSICHERUNGSHANDBUCH
der Mustermann GmbH

Ausgabe:	1-0	**Datum:**	24.02.1995
Kapitel:	12	**Seite:**	1 von 2
Kapitelinhalt:	Allgemeine technische Voraussetzungen für Prüfarbeiten		

Beschreiben Sie hier folgende Einzelheiten:

Allgemeine Beschreibung des Laborgebäudes

Lageplan

Grundriß je Geschoß

Raumpläne

Raumblätter

Raumbezogene Nutzungsbeschreibung

- **Geräteausstattung**
- **Energien**
- **Medien**
- **Ver- und Entsorgungseinrichtungen**
- **Klimatische Bedingungen**
- **Besonderheiten**

Raumbezogene technischen Kontrollvorgänge

QUALITÄTSSICHERUNGSHANDBUCH
der Mustermann GmbH

Ausgabe:	1-0	**Datum:**	24.02.1995
Kapitel:	12	**Seite:**	2 von 2
Kapitelinhalt:	Allgemeine technische Voraussetzungen für Prüfarbeiten		

Beschreiben Sie hier den räumlichen Aufbau Ihres Labores:

Gesamtfläche, anteilige Fläche der verschiedenen Arbeitsbereiche

Anschließend geben Sie an, welche Räume über labornotwendige Medienversorgungen verfügen (z.B. Starkstrom, Gase, Druckluft, Zentrale Kühlversorgung, Reinstwasser, Abzüge etc.).

Welche Räume verfügen über kontinuierliche Einrichtungen zur Messung von Luftfeuchtigkeit, Temperatur und Druck ?

Abschließend sollte ein architektonischer Raumplan des Betriebsgebäudes abgebildet sein.

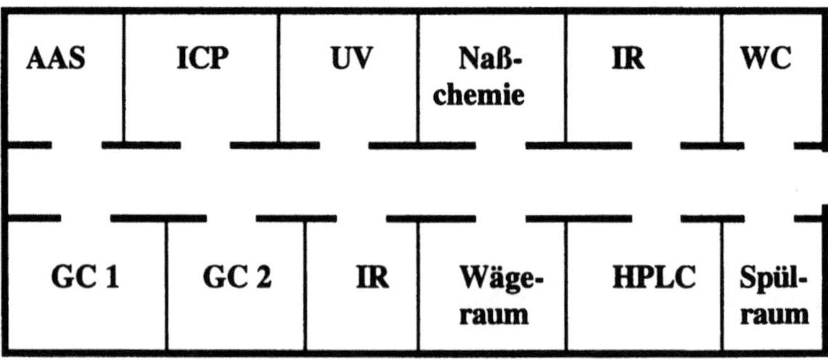

QUALITÄTSSICHERUNGSHANDBUCH
der Mustermann GmbH

Ausgabe:	1-0	**Datum:**	24.02.1995
Kapitel:	13	**Seite:**	1 von 2

Kapitelinhalt: Allgemeine Maßnahmen zur Qualitätssicherung (Kontrollkarten, zu überwachende Geräte, Ringversuche)

**Hier sollten Sie für folgende Positionen
folgende Angaben machen:**

1 Allgemeines

- Laborbereich
  - **Abteilung**
  - **Meßplatz**
  - **verantwortlicher Abteilungsleiter und Prüfer**

2 Externe Qualitätssicherung

- Teilnahme an Ringversuchen / Vergleichsuntersuchungen
  - **Veranstalter**
  - **Bezug**
  - **Häufigkeit**
  - **Matrix**
  - **Prüfparameter**
  - **Ergebnis**

<table>
<tr><td colspan="2" align="center">QUALITÄTSSICHERUNGSHANDBUCH
der Mustermann GmbH</td></tr>
<tr><td>Ausgabe: 1-0</td><td>Datum: 24.02.1995</td></tr>
<tr><td>Kapitel: 13</td><td>Seite: 2 von 2</td></tr>
<tr><td colspan="2">Kapitelinhalt: Allgemeine Maßnahmen zur Qualitätssicherung (Kontrollkarten, zu überwachende Geräte, Ringversuche)</td></tr>
</table>

3 Interne Qualitätssicherung

- Kalibrierung der Prüfgeräte
- Bestimmung von Verfahrenskenndaten
- Führen und archivieren von Kontrollkarten
  - Mittelwertkontrollkarte
  - Blindwertkontrollkarte
  - Wiederfindungskontrollkarte
  - Spannweitenkontrollkarte
  - Mittelwert-Spannweiten-Kontrollkarte
  - Differenzenkarte
  - Standardabweichungskarte
  - Archivierung der Kontrollkarten
- Einsatz von Standardreferenzmaterialien
- Einschleusen „getarnter" Kontrollproben

4 Zu überwachende Prüfgeräte

- Inventarverzeichnis des Raums
- Gerätebezeichnung
- Hersteller, Typ, Seriennummer
- Inbetriebnahmedatum
- Wartungsintervalle
- Funktionsstörungen, Reparaturen, Umbauten

**QUALITÄTSSICHERUNGSHANDBUCH
der Mustermann GmbH**

Ausgabe:	1-0	Datum:	24.02.1995
Kapitel:	14	Seite:	1 von 1
Kapitelinhalt:	Fehlerhafte Prüfmittel		

**Hier sollten Sie zur Vorgehensweise
folgende Angaben machen:**

Überprüfung der Funktionsfähigkeit ggf. erneute Kalibrierung

Aussonderung zur Reparatur

Ausschluß der Möglichkeit der Wiederinbetriebnahme vor der Reparatur

Durchführung der Reparatur

Funktionsprüfung / Kalibrierung

Rückführung in den Routineprüfbetrieb

Dokumentation der Reparatur

**Beschreiben Sie die Dokumentation mittels Prüfmittel-Kontrollkarten und die Vorgehensweise beim Auftreten von Gerätestörungen (Außerbetriebnahme, Kontrolle, ob zuvor Prüfergebnisse mit schadhaften Prüfeinrichtungen ermittelt wurden und ggf. Korrektur derselben).
Im Anschluß sollten Sie die Wiederinbetriebnahme sowie die Rückführung in den Routinebetrieb beschreiben.**

<table>
<tr><td colspan="2" align="center">QUALITÄTSSICHERUNGSHANDBUCH
der Mustermann GmbH</td></tr>
<tr><td>Ausgabe: 1-0</td><td>Datum: 24.02.1995</td></tr>
<tr><td>Kapitel: 15</td><td>Seite: 1 von 2</td></tr>
<tr><td colspan="2">Kapitelinhalt: Probenregistrierung, -umlauf, und -vorbereitung</td></tr>
</table>

Folgende Arbeitsabläufe sollten Sie beschreiben:

1 Dokumentation des Probeneingangs durch Registrierung

- **Datum**
- **Auftraggeber**
- **Probenbezeichnung**
- **Probennehmer**
- **Probenüberbringer**
- **Anonymisierung der Probe durch Zuweisung einer fortlaufender Labornummer**
- **Beschriftung der Probe**
- **Anlegen eines vorläufigen Prüfberichtes**
- **Angabe der Prüfparameter**
- **Angabe der Prüfverfahren**
- **Zuständiger Prüfer**
- **ggf. Teilunterauftragsvergabe**
- **Abgleich des vorläufigen Prüfberichts mit dem Originalauftrag durch die Laborleitung**
- **Entscheidung über die Prüfverfahren, Probenvor- und - aufbereitungsmaßnahmen**

QUALITÄTSSICHERUNGSHANDBUCH
der Mustermann GmbH

Ausgabe:	1-0	Datum: 27.02.1995
Kapitel:	15	Seite: 2 von 2

Kapitelinhalt: Probenregistrierung, -umlauf, und -vorbereitung

2 Probenumlauf

- Kopien des vorläufigen Prüfberichtes werden mit den Originalproben der Probenverteilungsstelle übergeben.
- Die Probenverteilungsstelle übernimmt nach Anweisungen des Laborleiters die Probenhomogenisierung, -teilung und - aufbereitung.
  Sie übergibt die Proben den einzelnen Proben- orbereitungs- und
  Prüfabteilungen.
- Nach Abschluß der Arbeiten werden Restprobematerialien von
  den Prüfabteilungen an die Lager- und Archivierungsabteilung wei-
  tergeleitet.
- Die Archivierungsabteilung lagert die Proben sach- und fachgerecht
  solange die Qualität der Proben eine sichere -Auswertung der Proben zuläßt und veranlaßt nach Ablauf der Lagerfrist deren ordnungsgemäße Entsorgung.

QUALITÄTSSICHERUNGSHANDBUCH
der Mustermann GmbH

Ausgabe:	1-0	**Datum:**	24.02.1995
Kapitel:	16	**Seite:**	1 von 1
Kapitelinhalt:	Prüfungsablauf		

Hier sollten Sie die folgenden Ablaufelemente beschreiben:

1 Prüfungsablauf gemäß Prüfplan

- **Prüfer**
- **Bezeichnung der Prüfung**
- **Einzusetzende Prüfgeräte**
- **Anzuwendende Prüfmethode / -verfahren**
- **Ergebnisangabe**
- **Nachweis- / Bestimmungsgrenze**
- **Prüfbeginn / -ende**
- **Kontrollanweisungen**

2 Dokumentation der Prüfung

- **Kalibrierung**
- **Kontrollkarten**
- **Rohdaten**
- **Berechnungen**
- **Besonderheiten / Beobachtungen**
- **Spectren, Chromatogramme, etc.**
- **Ergebnisse**
- **Änderungen / Korrekturen**
- **Datum / Unterschrift**

3 Kontrollvermerke

<table>
<tr><td colspan="2" align="center">QUALITÄTSSICHERUNGSHANDBUCH
der Mustermann GmbH</td></tr>
<tr><td>Ausgabe: 1-0</td><td>Datum: 24.02.1995</td></tr>
<tr><td>Kapitel: 17</td><td>Seite: 1 von 2</td></tr>
<tr><td colspan="2">Kapitelinhalt: Prüfberichte</td></tr>
</table>

Prüfberichte sind die sorgfältige, klare und eindeutige Zusammenfassung aller durchgeführten Prüfungen, deren Ergebnisse, Beobachtungen sowie aller wichtigen, prüfungsrelevanten Informationen.

<u>OHNE</u> Komentare und Bewertungsaussagen

QUALITÄTSSICHERUNGSHANDBUCH
der Mustermann GmbH

Ausgabe:	1-0	Datum:	24.02.1995
Kapitel:	17	Seite:	2 von 2
Kapitelinhalt:	Prüfberichte		

Prüfberichte sollten folgende Mindestangaben enthalten:

Name / Anschrift des Prüflaboratoriums

Kennzeichnung / Numerierung des Prüfberichts

Name / Anschrift / Auftragsnummer des Auftraggebers

Seitenzahl und Gesamtseitenzahl

Beschreibung sowie Bezeichnung der Proben und Angaben zum Probenehmer

Eingangsdatum der Proben / Prüfbeginn und -ende

Prüfverfahren / -anweisung Abweichungen zu normalen / bzw. Angaben des Auftraggebers

Angaben zur Meßunsicherheit

Datum / Unterschrift des verantwortlichen Prüfers

Hinweis, daß sich die ermittelten Ergebnisse ausschließlich auf das geprüfte Probenmaterial bezieht

Hinweis, daß der Prüfbericht nicht ohne Genehmigung öffentlich gemacht werden darf

QUALITÄTSSICHERUNGSHANDBUCH
der Mustermann GmbH

Ausgabe:	1-0	Datum:	24.02.1995
Kapitel:	18	Seite:	1 von 2
Kapitelinhalt:	Aufzeichnung und Archivierung		

**Um Prüfungen jederzeit wiederholen bzw. nachprüfen
zu können müssen Sie folgende Prüfelemente
aufzeichnen und archivieren:**

Original Auftrag

Original Probe

Probeneingangsbuch

**Rohdaten, Meßdaten, Datenträger, Rechnerausdrucke, Chromato-
gramme, Spectren, Notizblätter, Labortagebücher, Beobachtungen**

Berechnungen / abgeleitete Daten

Kalibrierkurven

Prüfpläne

Standardarbeitsanweisungen

Endgültiger Prüfbericht

<table>
<tr><td colspan="2" align="center">QUALITÄTSSICHERUNGSHANDBUCH
der Mustermann GmbH</td></tr>
<tr><td>Ausgabe: 1-0</td><td>Datum: 24.02.1995</td></tr>
<tr><td>Kapitel: 18</td><td>Seite: 2 von 2</td></tr>
<tr><td colspan="2">Kapitelinhalt: Aufzeichnung und Archivierung</td></tr>
</table>

**Im übrigen sollten Sie darauf hinweisen,
daß Ihr Archivierungssystem den Bestimmungen der
DIN EN 45001 genügt und Sie die Grundsätze
der GLP beachten.**

Folgende Archivierungszeiten können empfohlen werden:

Material	Zeit
Probenmate-rialien	Solange die Qualität der Proben eine spätere Auswertung noch zuläßt bzw. 6 Monate
Rohdaten, Datenträger, Spectren, Chromatogramme, etc.	5 Jahre
Probeneingangsbücher	10 Jahre
Prüfberichte	10 Jahre
Qualitätssicherungs-Unterlagen	5 Jahre

QUALITÄTSSICHERUNGSHANDBUCH
der Mustermann GmbH

Ausgabe:	1-0	**Datum:**	24.02.1995
Kapitel:	19	**Seite:**	1 von 4

Kapitelinhalt: Zusammenarbeit, Informationsrückfluß, Qualitätsaudits und Korrekturmaßnahmen

---

Hier sollten Sie folgende Einzelheiten beschreiben:

1 Interne Qualitätsaudits

- Prüfer des eigenen Unternehmens führen Prüfarbeiten durch, die nicht zu ihren ständigen Prüfgebieten zählen

2 Externe Qualitätsaudits

- Prüfer eines anderen Unternehmens führen im eigenen Unternehmen Prüfarbeiten durch, die zu ihren ständigen Prüfgebieten zählen

3 Zusammenarbeit und Erfahrungsaustausch mit

- Normungsstellen
- Geräteherstellern
- Behörden
- Befreundeten vergleichbaren Institutionen

QUALITÄTSSICHERUNGSHANDBUCH der Mustermann GmbH	
Ausgabe: 1-0	**Datum:** 24.02.1995
Kapitel: 19	**Seite:** 2 von 4
Kapitelinhalt: Zusammenarbeit, Informationsrückfluß, Qualitätsaudits und Korrekturmaßnahmen	

---

3 Qualitätsaudits und Korrekturmaßnahmen

Beschreiben Sie die Durchführung und die Dokumentation von Audits etwa in folgender Weise:

Interne Audits (Prüfer des eigenen Instituts führen Prüfaufgaben durch, die nicht zu ihrem eigentlichen Aufgabenbereich gehören) dienen sowohl dazu, Mängel bei der Durchführung von Prüfungen zu erkennen und zu beseitigen (Betriebsblindheit) als auch die beteiligten Prüfer weiterzuqualifizieren. Die internen Qualitätsaudits werden durch den Leiter der Qualitätssicherung schriftlich fixiert und im QS-Handbuch fortgeschrieben. Über u.U. erforderliche korrigierende Maßnahmen informiert der Leiter der Qualitätssicherung die Labor- sowie Geschäftsleitung.

Interne Audits

Datum	Prüfer	Prüfverfahren	Prüfbericht-Nr.

QUALITÄTSSICHERUNGSHANDBUCH
der Mustermann GmbH

Ausgabe:	1-0	**Datum:**	27.02.1995
Kapitel:	19	**Seite:**	3 von 4
Kapitelinhalt:	Zusammenarbeit, Informationsrückfluß, Qualitätsaudits und Korrekturmaßnahmen		

Externe Audits (verantwortliche Prüfer anderer Prüflaboratorien führen Prüfaufgaben im eigenen Institut durch) dienen dazu, die Qualität der Durchführung von Prüfungen des eigenen Instituts auf gleichbleibend hohem Niveau zu halten. Der Leiter der Qualitätssicherung fixiert die externen Qualitätsaudits in schriftlicher Form und schreibt sie im QS-Handbuch fort. Er informiert die Labor- sowie Geschäftsleitung über u.U. erforderliche korrigierende Maßnahmen.

Externe Audits

Datum	Prüfer / Institution	Prüfverfahren	Prüfbericht-Nr.

<table>
<tr><td colspan="4" align="center">QUALITÄTSSICHERUNGSHANDBUCH
der Mustermann GmbH</td></tr>
<tr><td>Ausgabe:</td><td>1-0</td><td>Datum:</td><td>27.02.1995</td></tr>
<tr><td>Kapitel:</td><td>19</td><td>Seite:</td><td>4 von 4</td></tr>
<tr><td>Kapitelinhalt:</td><td colspan="3">Zusammenarbeit, Informationsrückfluß,
Qualitätsaudits und Korrekturmaßnahmen</td></tr>
</table>

4 Zusammenarbeit und Informationsrückfluß

Beschreiben Sie hier, daß Sie die vertrauensvolle Zusammenarbeit mit Mitarbeitern anderer privater Prüflaboratorien und amtlicher Prüfstellen suchen, daß Sie den Probenaustausch mit diesen Institutionen fördern und regelmäßig an unterschiedlichen Ringversuchen teilnehmen.

Erläutern Sie, daß Sie außerdem regen Kontakt zu den Geräteherstellern auf dem Gebiet der instrumentellen Analytik pflegen, um den Stand der Technik zu wahren.

Ergänzen Sie, daß insbesondere der Laborleiter angehalten ist, im Zweifelsfall beim Auftraggeber Erkundigungen einzuholen, inwieweit die Prüfergebnisse für den vom Auftraggeber vorgesehenen Zweck relevant sind. Gegebenenfalls sind Vorschläge zu unterbreiten, die der Zweckmäßigkeit der Prüfung dienen.

Weiterhin sollten Sie beschreiben, daß die Mitarbeiter des Instituts aufgefordert sind, dem Leiter der Qualitätssicherung Vorschläge zu unterbreiten, wie evt. Prüfverfahren den technologischen Erfordernissen besser anzupassen sind.

Vermerken Sie auch, daß in dem Maße wie Arbeitsanfall, Angebot von qualifizierten Fachleuten sowie Sicherung der Vertraulichkeit es zulassen, interne und externe Qualitätsaudits erfolgen.

QUALITÄTSSICHERUNGSHANDBUCH
der Mustermann GmbH

Ausgabe:	1-0	**Datum:**	24.02.1995
Kapitel:	20	**Seite:**	1 von 2
Kapitelinhalt:	Beschwerdeverfahren		

**Hier sollten Sie die Vorgehensweise unter
Berücksichtigung der folgenden Aspekte beschreiben:**

Erfassung der Beschwerde

Übergabe der Beschwerde an den Leiter der Qualitätssicherung

**Prüfung der Beschwerde durch den Leiter der Qualitätssicherung, den
Laborleiter und den zuständigen Abteilungsleiter anhand der dokumentierten Prüfaufzeichnungen, ob die Beschwerde rechtmäßig ist**

Im Falle der berechtigten Beschwerde
- **Wiederholung der Prüfung**
- **Erlaß einer Qualitätssicherungsanweisung**
- **Eliminierung der falschen Ergebnisse der betref fenden Prüfperiode**
- **Benachrichtigung weiterer betroffener Kunden**

Im Falle der nicht berechtigten Beschwerde
- **Ablehnung der Beschwerde mit Begründung**
- **Beweisführung der Richtigkeit der beanstandeten Prüfung**

Im Falle der Uneinigkeit
- **Schiedsanalyse durch drittes Labor**

<table>
<tr><td colspan="2" align="center">QUALITÄTSSICHERUNGSHANDBUCH
der Mustermann GmbH</td></tr>
<tr><td>Ausgabe: 1-0</td><td>Datum: 24.02.1995</td></tr>
<tr><td>Kapitel: 20</td><td>Seite: 2 von 2</td></tr>
<tr><td colspan="2">Kapitelinhalt: Beschwerdeverfahren</td></tr>
</table>

Ein Beschwerdeverfahren muß unbedingt dokumentiert sein und dem Auftraggeber auf Nachfrage zur Verfügung gestellt werden.

Es beginnt mit laborinternen Kontrollmaßnahmen der AQS bis hin zur Prüfungswiederholung. Es endet im Zweifelsfall mit einer Schiedsanalyse.

Die exakte Vorgehensweise der durchzuführenden Maßnahmen müssen von Ihnen festgelegt werden.

Im Falle der Einschaltung einer Schiedsstelle empfiehlt es sich, mit dem Auftraggeber vertraglich die zulässige Fehlergrenze und Regelung der Kostenübernahme zu vereinbaren.

<table>
<tr><td colspan="3" align="center">QUALITÄTSSICHERUNGSHANDBUCH
der Mustermann GmbH</td></tr>
<tr><td>Ausgabe: 1-0</td><td></td><td>Datum: 24.02.1995</td></tr>
<tr><td>Kapitel: Anhang A</td><td></td><td>Seite: 1 von 1</td></tr>
<tr><td colspan="3">Kapitelinhalt: Unternehmensgrundsätze</td></tr>
</table>

**Hier sollten Sie die ideellen Grundsätze Ihres Unternehmens
für folgende Themen darstellen:**

Qualitätssicherung

Umweltschutz

**Vermeidung, Reduzierung, Recycling, Aufbereitung und Entsorgung
von Abfall**

Einhaltung von Gesetzen und Verordnungen

Umweltrisikosenkung

Forschung und Entwicklung

Öffentlichkeitsarbeit und Aufklärung

Mitarbeit in Qualitätssicherungs- und Umweltorganisationen

Bewertung der Qualitätssicherungs- und Umweltschutzmaßnahmen

<table>
<tr><td colspan="2">QUALITÄTSSICHERUNGSHANDBUCH
der Mustermann GmbH</td></tr>
<tr><td>Ausgabe: 1-0</td><td>Datum: 24.02.1995</td></tr>
<tr><td>Kapitel: Anhang B</td><td>Seite: 1 von 2</td></tr>
<tr><td colspan="2">Kapitelinhalt: Musterarbeitsvertrag</td></tr>
</table>

Hier sollten Sie einen anonymisierten Anstellungsvertrag Ihres Unternehmens abbilden, der folgende Besonderheiten enthalten sollte:

§ 1: Beginn des Angestelltenverhältnisses und Tätigkeit

...Besondere Obliegenheit des Mitarbeiters ist die persönliche Fort- und Weiterbildung auf den ihn betreffenden Arbeits- und Aufgabengebieten des Unternehmens.

§ 2: Pflichten des Mitarbeiters

...Insbesondere verpflichtet sich der Mitarbeiter, die Qualitäts-, Sicherheits- und Umweltschutzrichtlinien des Unternehmens anzunehmen, umzusetzen und anzuwenden.

...Desweiteren hat der Mitarbeiter über alle ihm bekannt gewordenen oder anvertrauten Geschäftsvorgänge, sowohl während der Dauer seines Angestelltenverhältnisses als auch nach dessen Beendigung, Dritten gegenüber Stillschweigen zu bewahren und alle Informationen vertraulich zu behandeln. Er darf diese weder persönlich noch durch Zugänglichmachung Dritter verwerten.

§ 3: Probezeit

§ 4: Entgeld

QUALITÄTSSICHERUNGSHANDBUCH
der Mustermann GmbH

Ausgabe:	1-0	Datum:	24.02.1995
Kapitel:	Anhang B	Seite:	2 von 2
Kapitelinhalt:	Musterarbeitsvertrag		

§ 5:   Entgeltsfortzahlung im Krankheitsfall

§ 6:   Arbeitszeit

§ 7:   Urlaub

§ 8:   Beendigung des Anstellungsverhältnisses

§ 9:   Gesundheitszustand

§ 10:   Wahrheitspflicht

§ 11:   Vertragsänderungen

§ 12:   Salvatorische Klausel

<table>
<tr><td colspan="2" align="center">QUALITÄTSSICHERUNGSHANDBUCH
der Mustermann GmbH</td></tr>
<tr><td>Ausgabe: 1-0</td><td>Datum: 24.02.1995</td></tr>
<tr><td>Kapitel: Anhang B</td><td>Seite: 1 von 2</td></tr>
<tr><td colspan="2">Kapitelinhalt: Musterstellenbeschreibung</td></tr>
</table>

Hier sollten Sie für jede Position detailliert beschreiben, welche Aufgaben der Stelleninhaber hat:

<u>Stellenbeschreibung</u>

Beispielaufgaben eines Laborleiters sind:

ein Labor- und Qualitätsmanagement aufzubauen, dieses laufend zu überwachen und zu verbessern,

einen Verantwortlichen, für Aufgaben für die er nicht benannt ist, zu schulen,

Kompetenzfragen zwischen Verantwortlichen für Teilbereiche zu lösen,

die Verantwortlichen für Teilbereiche zu beraten, deren Verantwortungsbereiche abzugrenzen und deren Tätigkeit zu koordinieren,

die Verantwortlichen für Teilbereiche in der prinzipiellen Durchführung ihrer Aufgaben zu überwachen.

**QUALITÄTSSICHERUNGSHANDBUCH
der Mustermann GmbH**

Ausgabe:	1-0	Datum:	24.02.1995
Kapitel:	Anhang B	Seite:	2 von 2
Kapitelinhalt:	Musterstellenbeschreibung		

Der Laborleiter hat dafür Sorge zu tragen, daß:

- geltende Gesetze und Vorschriften in den Laboratorien eingehalten
  werden,
- Umweltschutzmaßnahmen eingehalten werden,
- Abfall- und Abwasserentsorgungspläne erstellt und eingehalten
  werden,
- Unternehmensgrundsätze eingehalten werden,
- Betriebsanweisungen erstellt und eingehalten werden,
- der Stand der Technik in den Labors gewahrt wird.

**Des weiteren gehören folgende Aufgaben zu seinem Verantwortungs-
bereich:**

- Prüfung der technischen Durchführbarkeit von Prüfungen
- Überwachung der Ordnung und fristgemäße Durchführung von
  Prüfungen,
- Unterzeichnung der Prüfberichte,
- Durchsetzung der Qualitätssicherungs-Maßnahmen,
- Arbeitsorganisation und Personaleinsatz,
- Formulierung und Aktualisierung von Arbeitsanweisungen,
- Einhaltung der Arbeitssicherheitsvorschriften,
- Kontrolle der Prüfberichte.

QUALITÄTSSICHERUNGSHANDBUCH
der Mustermann GmbH

Ausgabe:	1-0	**Datum:**	24.02.1995
Kapitel:	Anhang B	**Seite:**	1 von 1
Kapitelinhalt:	Musterarbeitsplatzbeschreibung		

Hier sollten Sie für jeden Arbeitsplatz detailliert beschreiben, welche Anforderungen an einen Stelleninhaber gestellt werden und welche Aufgaben er hat:

<u>Arbeitsplatzbeschreibung</u>

Arbeitsplatz:

Vorgesetzter:

Personal-Anforderungen:

z.zt. besetzt durch:

Verantwortlich für:

Aufgaben:

QUALITÄTSSICHERUNGSHANDBUCH
der Mustermann GmbH

Ausgabe:	1-0	**Datum:**	24.02.1995
Kapitel:	Anhang C	**Seite:**	1 von 1
Kapitelinhalt:	Übersicht der Prüfungen, Prüfverfahren und Bestimmungsgrenzen		

**Hier sollten Sie die Routine - Prüfungen Ihres Labors,
die qualitätsgesichert sind auflisten:**

Beispiel Bereich Wasser

Prüfung	Prüfverfahren DIN	Bestimmungsgrenze	Einheit	Probenmenge (mL)
Absetzbare Stoffe	38409 H9-2	0,1	mL/L	1000
Absorption UV	38404 C37 F5			20
Acenaphthylen	LWA NRW Nr.13	10	ng/L	1000
Aldrin	38407 F2	0,01	µg/L	1000
Aluminium	38406 E22	0,20	mg/L	50
Ammonium	38406 E5-2	0,1	mg/L	100
Anthracen	LWA NRW Nr.13	10	ng/L	1000
Antimon	38406 E19-3	0,002	mg/L	50
AOX	38409 H14	10	µg/L	100
Arsen	38405 D18	0,0005	mg/L	50

QUALITÄTSSICHERUNGSHANDBUCH
der Mustermann GmbH

Ausgabe: 1-0   Datum: 24.02.1995

Kapitel: Anhang D   Seite: 1 von 2

Kapitelinhalt: Standard-Arbeitsanweisung

Hier ist eine genaue Verfahrensbeschreibung mit detaillierten und praktischen Arbeitsanleitungen für jedes Prüfverfahren unter Berücksichtigung folgender Themenkreise zu erstellen:

1. Allgemeine Angaben zum Verfahren

2. Bezeichnung des Verfahrens

3. Anwendungsbereich

4. Grundlage des Verfahrens

5. Störeinflüsse

6. Notwendige Gerätschaften

7. Chemikalien

8. Kalibrierung

9. Durchführung der Prüfung

10. Kontrollmechanismen

11. Auswertung

12. Angabe der Ergebnisse

13. Bestimmungsgrenzen

<table>
<tr><td colspan="2">Mustermann GmbH</td><td colspan="2">Betriebsanweisung gemäß § 20 GefStoffV</td><td>Nr.:
1</td></tr>
<tr><td colspan="2">Arbeitsbereich
AAS</td><td colspan="2">Arbeitsplatz
Labor 2</td><td>Tätigkeit
Cadmium-
bestimmung</td></tr>
<tr><td colspan="5" align="center">Gefahrstoffbezeichnung</td></tr>
<tr><td colspan="5">Salpetersäure 65 % (HNO_3)</td></tr>
<tr><td colspan="5" align="center">Gefahren für Mensch und Umwelt</td></tr>
<tr><td colspan="5">Der Hautkontakt führt zu schweren Verätzungen. Am Auge sehr schnell Hornhautzerstörung. Nach Verschlucken Schädigung der Schleimhäute von Mund, Speiseröhre und Magen. Kreislaufversagen kann nach 1 bis 2 Stunden eintreten. Einatmen von Dämpfen verursacht Reizerscheinungen der Atemwege.
Toxische Wirkung für Wasserorganismen durch pH-Wert-Verschiebung. Schädigung des Pflanzenwuchses.</td></tr>
<tr><td colspan="5" align="center">Schutzmaßnahmen und Verhaltensregeln</td></tr>
<tr><td colspan="5">Dicht verschlossen, kühl, an gut belüftetem Ort lagern.
Beim Arbeiten ist Haut- und Augenschutz zu tragen, bei Auftreten von Dämpfen / Aerosolen auch Atemschutz. Nach Arbeitsende Hände und Gesicht waschen.</td></tr>
<tr><td colspan="5" align="center">Verhalten im Gefahrenfall</td></tr>
<tr><td colspan="5">Nach Verschütten, Auslaufen oder Gasaustritt mit flüssigkeitsbindendem Material aufnehmen und der Entsorgung zuführen. Mit Soda neutralisieren. Mit Wasser nachreinigen.
Nicht brennbar, entwickelt im Brandfall jedoch Wasserstoff im Kontakt mit Metallen (Explosionsgefahr), Löschmittel: Wassersprühstrahl</td></tr>
<tr><td colspan="5" align="center">Erste Hilfe</td></tr>
<tr><td colspan="5">Bei Hautkontakt mit reichlich Wasser abwaschen. Abtupfen mit Polyethylenglykol 400. Kontaminierte Kleidung sofort entfernen. Bei Augenkontakt mit reichlich Wasser bei geöffnetem Lidspalt ausspülen (mind. 10 Minuten), Augenarzt hinzuziehen. Bei Inhalation Frischluftzufuhr, Arzt hinzuziehen. Bei Verschlucken viel Wasser trinken, Erbrechen vermeiden, da Perforationsgefahr. Sofort Arzt hinzuziehen.</td></tr>
<tr><td colspan="5" align="center">Sachgerechte Entsorgung</td></tr>
<tr><td colspan="5">Chemikalien, die als Reststoffe anfallen, sind Sonderabfall. Nicht in die Kanalisation gelangen lassen. Fußboden und verunreinigte Gegenstände säubern.</td></tr>
<tr><td colspan="2">Vermerk:</td><td colspan="2">Arbeitssicherheit</td><td>24.02.1995</td></tr>
</table>

QUALITÄTSSICHERUNGSHANDBUCH
der Mustermann GmbH

Ausgabe:	1-0	**Datum:**	24.02.1995
Kapitel:	Anhang E	**Seite:**	1 von 1
Kapitelinhalt:	Verfahrenskenngrößen		

**Hier sollten Sie beschreiben, welches Verfahren Sie zur
Ermittlung der Verfahrenskenngrößen einsetzen
sowie dessen Grundlagen:**

Zweck:

Ermittlung der Verfahrenskenndaten:

Auswertung:

QUALITÄTSSICHERUNGSHANDBUCH
der Mustermann GmbH

Ausgabe: 1-0   Datum: 24.02.1995

Kapitel: Anhang F   Seite: 1 von 2

Kapitelinhalt: Allgemeine Betriebsanweisungen, Laborordnung

**Eine Laborordnung sowie allgemeine Betriebsanweisungen sollten Sie
zu folgenden Themenkreisen individuell erarbeiten
und die Mitarbeiter zur Einhaltung verpflichen:**

1. Übersicht wichtiger Gesetze und Verordnungen

2. Informations- und Unterweisungspflicht

3. Arbeitssicherheit

4. Unfälle

5. Brandschutz

6. Ordnung, Sauberkeit sowie Pflege von Laborinventar

7. Kennzeichnung und Lagerung von und Umgang mit Chemikalien,
   gefährlichen und unbekannten Stoffen

8. Schutzkleidung

9. Speisen und Getränke sowie Rauchen

10. Arbeits- und Pausenzeitregelung, Anwesenheit

11. Sicherung der Arbeitsplätze nach Dienstschluß

<table>
<tr><td colspan="2" align="center">QUALITÄTSSICHERUNGSHANDBUCH
der Mustermann GmbH</td></tr>
<tr><td>Ausgabe: 1-0</td><td>Datum: 24.02.1995</td></tr>
<tr><td>Kapitel: Anhang F</td><td>Seite: 2 von 2</td></tr>
<tr><td colspan="2">Kapitelinhalt: Allgemeine Betriebsanweisungen, Laborordnung</td></tr>
</table>

12. **Tür- und Schließanlagen**

13. **Energiekosten und Kosten für Labormaterial**

14. **Qualitätssicherung**

15. **Strahlenschutzanweisung**

16. **Warenannahme**

17. **Organisation der Probenannahme, -erfassung, -umlauf, Terminüberwachung und Prüfberichtserstellung**

18. **Organisation der Abwasser und Abfallentsorgung**

19. **Entsorgung von Abwässern**

20. **Abwasserentsorgungsplan**

21. **Entsorgung von Abfällen**

22. **Abfallentsorgungsplan für allgemeine und laborspezifische Abfälle**

23. **Probenahme- und Betriebsfahrzeuge**

Alarmplan

<table>
<tr><td colspan="2" align="center">QUALITÄTSSICHERUNGSHANDBUCH
der Mustermann GmbH</td></tr>
<tr><td>Ausgabe: 1-0</td><td>Datum: 24.02.1995</td></tr>
<tr><td>Kapitel: Anhang F A</td><td>Seite: 1 von 7</td></tr>
<tr><td colspan="2">Kapitelinhalt: Allgemeine Betriebsanweisungen, Alarmplan</td></tr>
</table>

Im Rahmen eines Alarmplanes ist den Mitarbeitern vorzugeben, wie sie sich in Notsituationen zu verhalten haben:

Notruf: 112

Notrufangaben:

Wer meldet?	**Name und Rufnummer des Anrufers**
Wo geschah etwas?	**Institut, Straße, Etage, Raum-Nr.**
Was geschah?	**Unfall, Feuer, Verbrennung, Vergiftung**
Wieviele Verletzte?	**Zahl der Verletzten angeben**
Wer wird verlangt?	**Notarzt, Krankentransportwagen, Feuerwehr**

<table>
<tr><td colspan="2">QUALITÄTSSICHERUNGSHANDBUCH
der Mustermann GmbH</td></tr>
<tr><td>Ausgabe: 1-0</td><td>Datum: 24.02.1995</td></tr>
<tr><td>Kapitel: Anhang F A</td><td>Seite: 2 von 7</td></tr>
<tr><td colspan="2">Kapitelinhalt: Allgemeine Betriebsanweisungen, Alarmplan</td></tr>
</table>

Rettungsdienst/
Rettungsleitstelle: Telefon 112

Ersthelfer:

Verbandkasten:

Nächste Ärzte für Erste Hilfe:

Nächste Durchgangsärzte:

Nächstes berufsgenossen-
schaftlich zugelassenes
Krankenhaus:

QUALITÄTSSICHERUNGSHANDBUCH
der Mustermann GmbH

Ausgabe:	1-0	**Datum:**	24.02.1995
Kapitel:	Anhang F A	**Seite:**	3 von 7
Kapitelinhalt:	Allgemeine Betriebsanweisungen, Alarmplan		

Verhalten bei Unfällen

1. Leichtere Verletzungen

Der Verletzte muß unverzüglich einem Arzt vorgestellt werden, sofern Art und Umfang der Verletzung oder des Gesundheitsschadens eine ärztliche Versorgung erfordern.

Im Zweifelsfall immer einen Arzt hinzuziehen, denn Erste Hilfe durch Laien oder Ersthelfer ist kein Ersatz für ärztliche Hilfe, sondern nur eine Nothilfe, bis der Arzt eingreift.

2. Mittlere bis schwerere Verletzungen

Der Verletzte muß unverzüglich einem Durchgangsarzt vorgestellt werden, wenn die Verletzung zur Arbeitsunfähigkeit führt oder die Behandlungsbedüftigkeit voraussichtlich mehr als eine Woche beträgt.

3. Schwere Verletzungen

Bei schweren Verletzungen hat ein sofortiger und schonender Transport, möglichst unter Einschaltung des Rettungsdienstes, in das nächste berufsgenossenschaftlich zugelassene Krankenhaus zu erfolgen.

Notruf für Rettungsdienst und Krankentransport: Telefon 112

<table>
<tr><td colspan="2">QUALITÄTSSICHERUNGSHANDBUCH
der Mustermann GmbH</td></tr>
<tr><td>Ausgabe: 1-0</td><td>Datum: 27.02.1995</td></tr>
<tr><td>Kapitel: Anhang F A</td><td>Seite: 4 von 7</td></tr>
<tr><td colspan="2">Kapitelinhalt: Allgemeine Betriebsanweisungen, Alarmplan</td></tr>
</table>

4. Augen / HNO Verletzung

Liegt offensichtlich eine isolierte Augen- oder Hals-Nasen-Ohren-Verletzung vor, ist der Verletzte dem nächst erreichbaren Arzt des entsprechenden Fachgebiets zuzuführen, es sei denn, daß sich die Vorstellung durch die erste ärztliche Hilfe erübrigt hat.

Nächste Ärzte für Augenheilkunde:

Nächste Ärzte für HNO-Heilkunde:

5. Maßnahmen bei Vergiftungen

Den Verletzten unter Selbstschutz bergen.
Sofort ärztliche Hilfe anfordern.
Erste Hilfe-Hinweise für Vergiftungen (siehe Aushang am Verbandkasten) beachten.
Dem Arzt den Giftstoff mitteilen.
Zusätzliche Informationen und Verhaltensratschläge erteilt das nächstgelegene Informations- und Behandlungszentrum für Vergiftungen.

6. Unfälle durch radioaktive Strahlung

Den Verletzten aus dem gefährdeten Bereich bergen.
Sofortige ärztliche Hilfe anfordern.
Umgehend Strahlenschutzbeauftragten und Strahlenschutzverantwortlichen informieren, ebenso die zuständige Aufsichtsbehörde.

<table>
<tr><td colspan="2">QUALITÄTSSICHERUNGSHANDBUCH
der Mustermann GmbH</td></tr>
<tr><td>Ausgabe: 1-0</td><td>Datum: 24.02.1995</td></tr>
<tr><td>Kapitel: Anhang F A</td><td>Seite: 5 von 7</td></tr>
<tr><td colspan="2">Kapitelinhalt: Allgemeine Betriebsanweisungen, Alarmplan</td></tr>
</table>

Strahlenschutzbeauftragte:

Strahlenschutzverantwortliche:

Aufsichtsbehörde:

QUALITÄTSSICHERUNGSHANDBUCH
der Mustermann GmbH

Ausgabe:	1-0	Datum: 24.02.1995
Kapitel:	Anhang F A	Seite: 6 von 7
Kapitelinhalt:	Allgemeine Betriebsanweisungen, Alarmplan	

Verhalten im Brandfall

1. Allgemeine Hinweise

- Ruhe bewahren, nicht überstürzt handeln
- Alle nicht zuständigen Personen verlassen sofort den Raum, gegebenenfalls über die gekennzeichneten Notausgänge

Personenrettung geht vor Sachschutz

- In Brand geratene Personen am Fortlaufen hindern, sofort unter die Notdusche stellen oder in eine Löschdecke einwickeln
- Falls notwendig, Feuerwehr und ärztliche Versorgung über Notruf anfordern:

Notruf: 112

Nächste Feuerwache:

- Gas- und Stromeinspeisung unterbrechen
- Brände mit Feuerlöscher und/oder Feuerlöschdecke bekämpfen

2. Feuerschutzeinrichtungen im Betriebsgebäude

Notdusche:

Feuerlöscher:

QUALITÄTSSICHERUNGSHANDBUCH
der Mustermann GmbH

Ausgabe:	1-0	**Datum:**	24.02.1995
Kapitel:	Anhang F A	**Seite:**	7 von 7
Kapitelinhalt:	Allgemeine Betriebsanweisungen, Alarmplan		

Weitere Maßnahmen in Notfällen

Benachrichtigung des verantwortlichen Laborleiters:

Benachrichtigung der Geschäftsleitung:

Benachrichtigung der Polizei (im Bedarfsfalle):

Polizeinotruf 110
Polizeiwache:
Tel.:

Bei Gefahr der Einleitung wassergefährdender Stoffe:

Wasserbehörde:

Bei Unfällen:

Berufsgenossenschaft der chemischen Industrie:

<table>
<tr><td colspan="2" align="center">QUALITÄTSSICHERUNGSHANDBUCH
der Mustermann GmbH</td></tr>
<tr><td>Ausgabe: 1-0</td><td>Datum: 24.02.1995</td></tr>
<tr><td>Kapitel: Anhang G</td><td>Seite: 1 von 1</td></tr>
<tr><td colspan="2">Kapitelinhalt: Inventarliste der Prüfgerätschaften</td></tr>
</table>

> **Hier sollten Sie Ihre wesentliche Laborausstattung arbeitsplatzbezogen auflisten:**
>
> **Beispiel**

Laborbereich : Anorganik	Abteilung : Chromatografie	Meßplatz : IC	Labor - Nr.: 6
Gerät	**Hersteller**	**Typ**	**Anzahl**
IC	Dionex	2000/i/sp	1
Autosamler	Dionex	Autosamp	1
Kompressor	Jun Air	6-4	1
Säule	Dionex	AG 4A	1
Säule	Dionex	AS 4A	1
Interface	PE - Nelson	Nelson 900	1
Datenverarbeit.	K+L	AT 1600	1
Software	PE - Nelson	Nelson Chroma	1
Drucker	Epson	LQ 400	1

QUALITÄTSSICHERUNGSHANDBUCH
der Mustermann GmbH

Ausgabe:	1-0	**Datum:**	24.02.1995
Kapitel:	Anhang H	**Seite:**	1 von 1
Kapitelinhalt:	Kalibrierung der Prüfmittel		

Im Rahmen der Kalibrierung sollten Sie Anweisungen geben, wie welches Prüfsystem zu kalibrieren ist:

Beispiel Atomabsorptionsspektroskopie

3-Punkt-Kalibrierung vor jeder Analysenserie

Kontrollmessungen mit Referenzmaterial und / oder Bezugslösungen innerhalb jeder Analysenserie

Bei Bedarf (große Probenserien) automatische Rekalibration

<table>
<tr><td colspan="2">QUALITÄTSSICHERUNGSHANDBUCH
der Mustermann GmbH</td></tr>
<tr><td>Ausgabe: 1-0</td><td>Datum: 24.02.1995</td></tr>
<tr><td>Kapitel: Anhang H 01</td><td>Seite: 1 von 2</td></tr>
<tr><td colspan="2">Kapitelinhalt: Wartung und Reparatur der Prüfmittel</td></tr>
</table>

Im Bereich der Wartung und Reparatur von Prüfmitteln ist jedes Prüfsystem einem verantwortlichen Prüfer zuzuordnen und genau zu beschreiben, wann welche Wartungs-, Pflege- und Reparaturmaßnahmen durchzuführen sind:

Beispiel

Mitarbeiter	Prüfmittel
Meier	GC-ECD / FID, GC-Headspace, Probenahmegeräte Luft / Gas, Werkstatt
Schmitz	DV - Systeme incl. Pheripherie
Müller	IC, Abwasserbehandlungsanlage, Probenahmegeräte ,Wasser, Feldmeßgeräte, Titrierautomaten, CSB
Schulze	AOX / EOX / POX / STOX-Meßplatz, Vakuumpumpen, Zentrifugen, Kühlschränke

QUALITÄTSSICHERUNGSHANDBUCH
der Mustermann GmbH

Ausgabe:	1-0	**Datum:**	24.02.1995
Kapitel:	Anhang H 02	**Seite:**	2 von 2
Kapitelinhalt:	Wartung, und Reparatur von Prüfmitteln		

Wartungs- und Reparaturbericht

Laborbereich:	Organik	**Abteilung:**	Chromatografie
Meßplatz:	HPLC	**Labor - Nr.:**	3
Gerät:	HPLC Pumpe	**Hersteller:**	Waters
Typ:	501	**Serien-Nr.:**	4711
		Inbetriebnahme:	14.09.1991

Vorgang	R
Grund / Anlaß	Totalausfall der Pumpe
Identifizierter Fehler	Lagerschaden des Pumpenantriebs
Ursache	Feststoffpartikel in der Pumpe
Ausgeführte Arbeiten	Ersatzpumpe eingebaut
Ausgeführt von	Servicetechniker Waters
Datum / Unterschrift	12.12.1999
Bemerkungen	

Kurzbezeichnung des Vorgangs:
W = Wartung F = Funktionsstörung R = Reparatur U = Umbau
S = Sicherheitsinspektion

<table>
<tr><td colspan="2">QUALITÄTSSICHERUNGSHANDBUCH
der Mustermann GmbH</td></tr>
<tr><td>Ausgabe: 1-0</td><td>Datum: 24.02.1995</td></tr>
<tr><td>Kapitel: Anhang I</td><td>Seite: 1 von 1</td></tr>
<tr><td colspan="2">Kapitelinhalt: Externe Qualitätssicherung (Ringversuche)</td></tr>
</table>

**Hier sollten Sie die Ringversuche aufführen,
an denen Sie mit Erfolg teilgenommen haben:**

Maßnahme	Matrix	Anzahl p. a.	Veranstalter
Indirekteinleiter-verordnung NRW gem. § 60a LWG	Abwasser	2	Landesamt für Wasser und Abfall NRW

<table>
<tr><td colspan="2">QUALITÄTSSICHERUNGSHANDBUCH
der Mustermann GmbH</td></tr>
<tr><td>Ausgabe: 1-0</td><td>Datum: 24.02.1995</td></tr>
<tr><td>Kapitel: Anhang J</td><td>Seite: 1 von 1</td></tr>
<tr><td colspan="2">Kapitelinhalt: Sicherheitsdatenblätter</td></tr>
</table>

Alle im Unternehmen eingesetzten Chemikalien sind aufzulisten und die dazugehörigen Sicherheitsdatenblätter zu archivieren:

Die Angaben in den Sicherheitsdatenblättern stützen sich auf den heutigen Stand der Kenntnisse und dienen dazu, ein Produkt im Hinblick auf die zu treffenden Sicherheitsvorkehrungen zu beschreiben. Sie stellen keine Zusicherung von Eigenschaften des beschriebenen Produkts dar.

Sachverzeichnis